基于低秩分解的织物疵点检测方法研究

李春雷／著

JIYU DIZHI FENJIE DE ZHIWU CIDIAN JIANCE FANGFA YANJIU

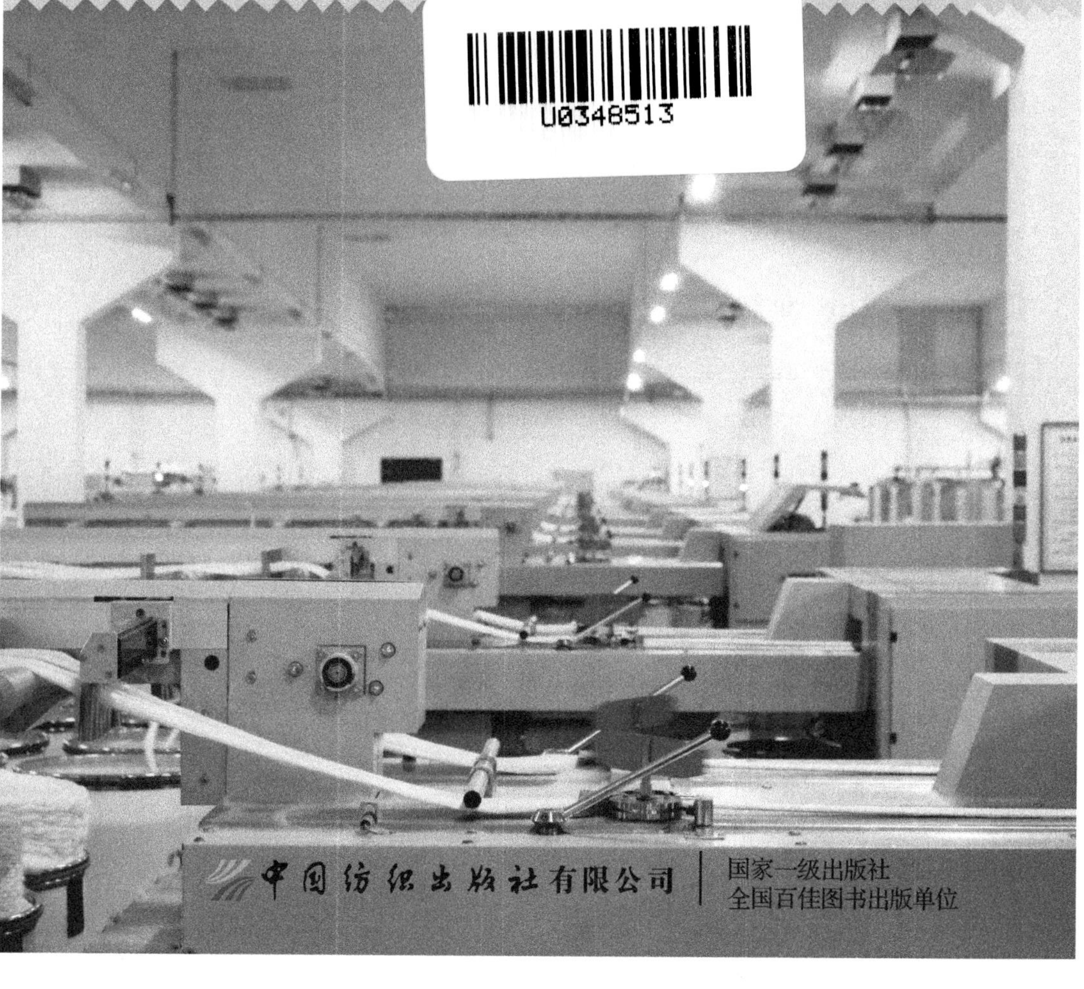

中国纺织出版社有限公司
国家一级出版社
全国百佳图书出版单位

内 容 提 要

本书共分为12章。第1章为绪论部分，第2章对低秩稀疏分解理论进行介绍，第3至第12章阐述了基于低秩分解的织物疵点检测方法。

本书可作为计算机、信号与信息处理、控制工程等专业的研究生或博士生的教材或参考书，也可作为纺织图像处理、目标检测、机器视觉等领域技术人员和研究人员的参考书。

图书在版编目（CIP）数据

基于低秩分解的织物疵点检测方法研究/李春雷著. --北京：中国纺织出版社有限公司，2019. 10

ISBN 978-7-5180-6631-5

Ⅰ. ①基… Ⅱ. ①李… Ⅲ. ①织疵—质量检验—研究 Ⅳ. ①TS101. 97

中国版本图书馆 CIP 数据核字（2019）第 190283 号

责任编辑：范雨昕　　责任校对：王花妮　　责任印制：何　建

中国纺织出版社有限公司出版发行
地址：北京市朝阳区百子湾东里 A407 号楼　邮政编码：100124
销售电话：010—67004422　传真：010—87155801
http://www.c-textilep.com
E-mail:faxing@ c-textilep.com
中国纺织出版社天猫旗舰店
官方微博 http://weibo. com/2119887771
北京虎彩文化传播有限公司印刷　各地新华书店经销
2019 年 10 月第 1 版第 1 次印刷
开本：710×1000　1/16　印张：12. 75
字数：204 千字　定价：88. 00 元

前　　言

我国工业增加值和总量都已经位居全球领先地位，是世界工业制造大国。2015年，我国工业产值达到90.39万亿元，占到世界总产值的22%，其中，布匹产量达到了892亿米，玻璃产量为6.3亿重量箱，钢材产量为11.2亿吨。然而，表面缺陷对这些产品的质量有着直接影响，使企业承担了巨大的经济负担和信誉风险。因此，工业产品表面的缺陷检测识别作为产品质量控制的重要环节，在生产过程中占有举足轻重的地位。

织物缺陷，常称为疵点，是指在纺织生产过程中，由各种不利因素导致的产品外观上的缺陷。从纤维原料到成品织物，一般需经过纺纱、织造、印染等多道工序，在各加工环节中均可能产生疵点。例如，仅在织造过程中，就可能出现异纱、并经、并纬、断纬、缺纬、纬缩、织造破洞等多达40余种疵点。织物疵点种类多样、尺度多变，且背景纹理较为复杂，织物表面柔性大、易变形，因此，相对于其他工业产品，纺织过程中织物表面疵点的检测识别已成为一个难题，具有重要的科学研究与应用价值。该项目的研究成果也可为其他工业产品表面缺陷的检测识别提供参考解决思路。

低秩分解模型与人类视觉系统的低秩稀疏性相吻合，通过将图像特征矩阵分解为低秩矩阵和稀疏矩阵，实现目标与背景的有效分离。织物图像纹理复杂多样，背景高度冗余且疵点显著稀疏，因此织物疵点检测相对自然图像中的目标检测更好地符合了低秩分解模型。因此，基于低秩分解的织物疵点检测方法研究成为研究的热点，有望解决复杂纹理背景下的织物疵点检测问题。

目前，图像处理、模式识别等方面的书籍在国内外均有正式出版，但未见织物疵点检测这一具体应用方面的书籍出版。因此我们撰写本书的目的，一方面使更多的人了解该领域，满足从事纺织图像检测研究、开发和应用的有关人员的需求;另一方面总结整理了我们近几年该方向的研究成果,与读者相互学习和讨论,共同促进纺织图像检测等研究的发展。

本书共分为12章。第1章为绪论部分,简要介绍了本书研究内容的背景与意义,并对相关研究方法进行了综述;第2章对低秩稀疏分解理论进行介绍;第3章主要研究基于Gabor滤波器和低秩分解的织物疵点检测算法;第4章主要研究基于HOG和低秩分解的织物疵点检测算法;第5章主要研究基于GHOG和低秩分解的模式织物疵点检测算法;第6章主要研究基于生物建模特征提取及低秩表示的织物疵点检测算法;第7章主要研究基于多通道特征矩阵联合低秩表示的织物疵点检测算法;第8章主要研究基于多通道特征和张量低秩分解的织物疵点检测算法;第9章主要研究基于级联低秩分解的织物疵点检测算法;第10章主要研究基于特征融合和TV-RPCA的织物疵点检测算法;第11章主要研究基于深度特征和NTV-RPCA的织物疵点检测算法;第12章主要研究基于深度—低阶特征和NTV-NRPCA织物疵点检测算法。

本书由中原工学院电子信息学院李春雷撰写,作者多年来一直从事纺织图像智能检测与分析方面的研究工作。本书是作者多年从事织物疵点检测研究成果的结晶。在研究工作中,得到国家自然科学基金项目(No. U1804157,61772576)、河南省高校科技创新人才项目(17HASTIT019)、河南省科技创新杰出青年项目(184100510002)、中原工学院交叉学科团队项目、中原工学院学术专著出版基金的支持,在此表示感谢。

由于作者水平有限,书中不足之处在所难免,恳请广大读者批评指正。

李春雷

2019年7月

目　　录

第1章　绪　论

1.1　研究背景和意义

我国自古是丝纺织、棉纺织大国，纺织业一直在国民经济生产中占有重要地位，特别是从改革开放以来，中国纺织业得到了迅猛的发展。现今，中国在全球纺织业中占据着龙头地位。2017 年，中国化纤产量达到 4919.55 万吨，占世界比重达 70%以上。规模以上企业服装产量 287.81 亿件，相当于为全球每人提供 6.89 件衣服。随着社会的发展，人们对纺织品的使用性能和档次的要求越来越高，已经不仅局限于纺织品耐用、舒适，还要求外观光洁、无疵点，疵点的出现会大大影响纺织品的价值，因此织物疵点检测在纺织品生产制造过程中是不可或缺的环节。该方向的研究已经引起纺织领域专家学者的广泛关注，也是纺织智能制造的关键内容，并纳入《纺织工业"十三五"发展规划》中，规划明确指出：借助于计算机图像、图形等核心技术，实现纺织品加工过程的智能检测分析、控制等，实现纺织加工工艺的智能化，发展纺织服装产业信息化、数字化、智能化，为建立 2025 纺织服装智造高效优质加工体系提供保障。

织物相对其他工业产品，具有种类繁多、纹理复杂且疵点形态多样性等特点，因此从复杂纹理的织物图像中检测形态多样的疵点是一个难题，该问题的解决也有利于对其他工业产品表面缺陷检测提供解决思路，具有重要的应用价值。该问题的解决也有利于对其他工业产品表面缺陷检测提供解决思路，具有重要的应用研究价值。

目前，大多数生产线的疵点检测工作都是由人工操作的，工作人员难免会产生失误和身体疲劳，从而造成误检和漏检的情况。此外，现在纺织工业生产速度可以达到 120m/min，而即使是熟练的检验工人也只能检测到 15～20m/min，采用人类视觉检测将大大降低纺织业的自动化程度。机器视觉技术能够在缺陷检测中提供客观、稳定、可靠的性能，因此成为研究热点。目前，Shelton web-SPECTOR、Barco Vision 的 Cyclops、EVS I-Tex2000、MQT 等多台验布机已成功应用于纺织生产过程中。然而，现有的系统只能用于表面纹理简单的特定面料类型，自适应不高。因此，有必要进一步研究织物疵点的检测方法。

结合织物图像背景纹理的不同特点，现有的疵点检测方法可大致分为两种，一种是针对不含图案纹理的非织物图像，包括基于统计的方法、基于频谱分析的方法、基于模型的方法和基于字典学习的方法等，这些方法对具有平纹和斜纹织物图像有较好的检测性能，但由于模式织物的背景纹理复杂，上述方法不能直接应用于模式织物疵点的检测；另一种是针对含有图案纹理的织物图像，包括黄金图像减法（GIS）、图像分解法和基于基元的方法等，然而这些复杂的模式织物疵点检测方法大多采用模板匹配技术对疵点进行定位，它们是在监督下执行的，检测精度取决于精确的对准和选择合适的模板。

近些年来，受压缩感知和稀疏表示理论的发展和推动，利用低秩和稀疏矩阵分解模型对目标进行检测日渐兴起。低秩分解模型以恢复矩阵潜在的低秩分量为目标，可将数据矩阵分解为跨越多个低秩子空间的冗余部分和偏离低秩结构的稀疏部分。因此，该模型能够同时恢复矩阵的低维子空间并检测异常点，已成功应用于目标检测、分割和去噪等领域。尽管织物图像背景纹理多样，疵点类型复杂多变，但其整体上还是由特定图案重复叠加构成，具有高度的视觉冗余性，通常可以认为背景处于低秩子空间中，而其中的疵点往往只占图像中的小部区域，打破了局部的低秩性，通常可以认为疵点是显著稀疏的，这一现象很好地符合低秩分解模型。

然而，如果直接对织物图像进行低秩分解，存在以下问题：

（1）受采集设备及光照的影响，织物图像存在光照不均、噪声等，低秩分解后，稀疏部分含有较多的噪声。

(2)纹理复杂的模式织物图像,由于模式复杂多变,图像像素矩阵本身并不符合低秩性。

因此,需要对织物图像进行分块,然后提取织物图像块特征。每一个图像块特征作为矩阵的一列,组合所有的图像块构造织物图像特征矩阵。由于织物图像整体上是重复一致的,正常的图像块多次重复出现,具有低秩性。而疵点图像块是稀疏的。通过低秩分解技术,可以将正常图像块和疵点图像块进行分离。该类方法性能主要依赖于图像块特征的有效表征,有效的特征描述方法可以使正常图像更相关,疵点图像块更偏离正常图像块;另外构建有效的模型及快速有效的求解方法也能提高疵点检测的精度与速度。因此,本书所研究的方向侧重于织物图像的有效表征、模型构建及求解。

1.2 国内外研究现状

在织物图像疵点检测问题中,织物疵点图像根据背景纹理可分为两类:平纹和斜纹图像、模式织物图像。其中平纹织物的经纱和纬纱以一上一下的规律交织。也就是经纬纱每隔一根纱就交错一次,所以交织点最多,纱线屈曲点最多,使织物坚牢、耐磨、硬挺、平整,但弹性较小,光泽一般。平纹织物密度不可能太高,较为轻薄,耐磨性较好,透气性较好。斜纹织物一个完全组织至少要有三根经纱和三根纬纱相互交织,在织物表面由连续的组织点构成斜向纹路。斜纹组织是由经浮长线或纬浮长线构成织物表面并呈现斜纹的外观效应。斜纹织物的经纬纱交织的次数比平纹少,使经纬纱之间的孔隙较小,纱线可以排列得较密,从而织物比较致密厚实。由于斜纹和平纹图像无复杂的结构组织,图像正常,背景简单,疵点相对突出,从疵点检测角度上,相对比较容易,具体如图1.1所示,其中第一行为平纹图像;第二行为斜纹图像。模式织物在编织过程中,按照不同的模式(基元)重复编织而成,具体图像如图1.1第三行所示。由于图像中基元大小、形状可变,因此该类织物图像的疵点检测具有一定的难度。

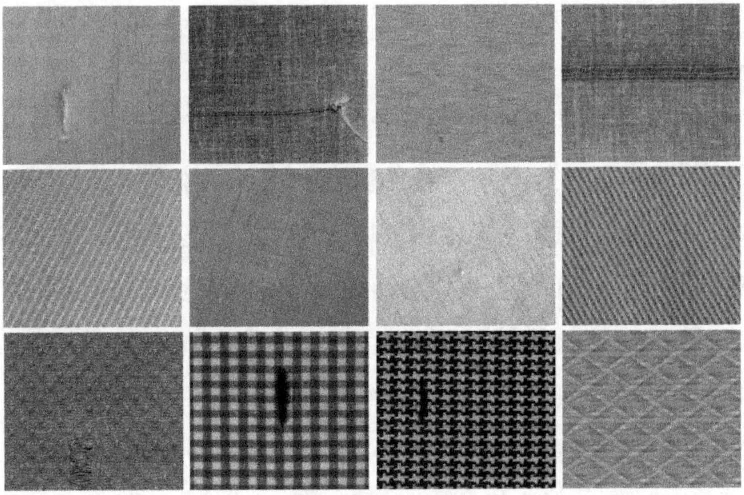

图 1.1　织物图像

（第一行为平纹图像　第二行为斜纹图像　第三行为模式织物图像）

针对平纹或斜纹织物等非模式织物图像，有基于统计的方法、谱分析方法、基于模型的方法和基于字典学习的方法这四大类。空域统计分析方法主要思想是将待测图像分割成具有明显统计纹理特征的图像块，占据图像大部分的非缺陷图像块具有相同的统计属性，而统计属性不同的图像块将被标记为缺陷区域，包括直方图特性分析[1]、形态学方法[2]、分形方法[3]、局部对比度增强[4-5]等。该类方法的检测结果依赖于所选窗口大小及判别阈值，且很难检测到面积较小的疵点。另外，该类方法不能有效反映图像的整体特性，受噪声影响较大。

基于频谱分析的方法主要通过将待测图像转换为频域，然后通过计算滤波器响应的能量来检测缺陷。典型的包括：Lucia Bissi 等[6]将 Gabor 滤波器与 PCA 相结合用于均匀结构织物疵点检测；Park Y 等[7]提出了一种邻域差分滤波（Neighborhood difference filtering，NDF）方法，该方法能有效地将前景缺陷从背景中分离出来，该滤波器是通过比较相邻区域的光强来构造的；Yapi 等[8]采用冗余轮廓线变换（Redundant contour transformation，RCT）对织物进行检测。然而，频谱分析方法的性能很大程度上取决于滤波器组的选择和缺陷的形状。

模型方法假定正常织物纹理符合特定的模型分布，通过学习进行模型参数估计,然后采用假设检验方法判断测试织物图像是否符合正常纹理模型,从而进行疵点检测。已有模型包括:Gauss-Markov 随机场模型[9]、高斯混合模型[10-11]等。Susan 等[10]采用双模高斯混合模型计算的非广泛熵作为缺陷检测的正则性指标;Allili 等[12]提出了一种新的织物疵点检测框架,该框架采用基于轮廓线的统计建模,使用有限混合的广义高斯分布。该类方法能够有效描述织物图像的纹理特性,在复杂织物纹理图像上取得了不错的检测效果,但算法实现过程复杂且计算量大,在线学习困难,并且检测面积较小的疵点能力不足。

基于字典学习方法通过自身或训练图像学习出字典集,然后采用稀疏表示方法重构正常织物图像,通过与测试图像做差,突出疵点区域[13-14];或者通过构建字典集作为投影矩阵实现降维,再采用 SVDD(Support vector domain description)判别或特征比对进行疵点检测[15]。该类方法如果通过自身训练字典集,重构图像仍存在部分疵点,检测效果不理想;如果采用正常织物图像训练集进行字典学习,则降低了算法的自适应性。Tong 等[14]在学习子字典的基础上,提出了一种非局部集中稀疏表示模型来更好地估计输入图像的无缺陷版本。然而,字典的选择影响了正常织物纹理恢复的准确性,进而影响检测模型的虚警率。此外,由于小缺陷很难消除,稀疏编码模型会影响检测率。

人类视觉系统能够迅速地从复杂的背景中发现疵点区域。因此,基于人类视觉感知机制的疵点检测具有很好的研究价值。基于视觉显著性模型的织物疵点检测方法已引起了相关学者的关注,文献[16]对织物图像提取的特征图进行小波变换,通过"中心—周围"对比生成不同子带图像的差分子图,然后融合生成最终的显著图,经分割定位出疵点区域。文献[17]首先通过底层特征比对生成视觉显著图,然后引入疵点分布稀疏这一先验提高检测效果。本书作者分别提出了基于纹理差异的视觉显著性模型[18],基于纹理及上下文分析的视觉显著性模型[19],基于局部统计与整体分析的视觉显著性模型[20],基于稀疏表示及字典学习的视觉显著性模型[21-22]等,并已将提出模型用到了织物疵点检测中。然而,现有基于视觉显著性模型的织物疵点检测虽然利用了显著性模型,但具体技术如特征提取、显著度计算仍沿用了传统模式识别的思路。

上述方法对某些平纹和斜纹织物图像具有较高的检测精度。然而,由于模式织物图像的多样性和复杂性,这些针对平纹和斜纹织物图像设计的方法不能直接推广到花纹织物缺陷检测中。近年来,有学者对模式织物疵点检测开展了研究,方法包括纹理滤波及 K 均值聚类(Texture filtering and K-means clustering, TFKMC)方法、小波预处理黄金图像减法(Wavelet preprocessing golden image subtraction, WGIS)、黄金图像减法(Golden image subtraction, GIS)[23]、基于基元的方法[24-25]和 Elo 评分法等方法。

Hamdi 等[26]提出的纹理滤波及 K 均值聚类 TFKMC 方法,首先构造了一个具有合适窗口大小的标准差滤波,然后将图像按照织物图像周期模块的大小划分为均匀小块,然后求每个测试块与所有块均值的平方差分,最后将差异输入 K-means 聚类中,则划分的均匀块可被判定为疵点块或非疵点块。但是,此方法的性能对所选窗口大小很敏感。

Ngan 等[27]提出的小波预处理黄金图像减法(WGIS),首先选取尺寸大于织物纹理重复元素尺寸的无缺陷窗口,然后将该窗口逐像素移动到无缺陷样本图像上,最后对模板图像和测试图像进行相减,从而检测疵点。但该方法同样对滑动窗的尺寸敏感,并且计算量大。

基于基元的方法[24-25]由 Ngan 等提出,它假设图案纹理可以划分为多个块,然后利用基元的对称性计算移动减法的能量及其在不同基元的方差,通过计算这些值在无疵点织物上的分布,可以确定区分疵点和非疵点的阈值。但是这种方法无法检测到尺寸小于重复单元的缺陷。

Jing 等提出的[23]黄金图像减法(GIS),首先利用传统遗传算法(Genetic algorithm, GA)从无缺陷的织物图像中选择最优的 Gabor 滤波器参数,然后用得到的 Gabor 滤波器对待测织物图像进行滤波,同时采用黄金图像减法(GIS)计算参考织物图像与待测图像之间的差异,最后通过训练大量无疵点的花纹织物样本,得到一个阈值,将疵点从正常背景中分割出来。然而,当缺少额外的无疵点的织物图像,该方法无法实施,缺乏自适应性。

Tsang 等提出 Elo 评分法(ER)[28],也就是对待测图像中的图像块进行公平匹配。首先将测试图像划分为标准尺寸的图像块，其次用 Elo 点矩阵更新各分块之间的匹配，最后根据计算出的匹配分数将图像块划分为疵点块或非疵点块。然而，该方法的性能依赖于分块大小和随机定位分区的数量，鲁棒性不高。不管是针对模式织物图像的方法，还是非模式织物图像的方法，它们对某些特定的织物图像已经达到了不错的检测效果，它们的图像表征方法还停留在基于统计分析及频谱分析层面，这些单一的传统特征提取方法很难对织物图像复杂多样的纹理结构进行有效的表征，并且显著度计算模型上，并没有很好地结合织物图像的特点。

Wright J 等[29]提出低秩分解模型，该模型与人类视觉系统的低秩稀疏性相吻合，通过将图像特征矩阵分解为低秩矩阵和稀疏矩阵，实现目标与背景的有效分离，已在显著性检测中得到了广泛的应用，中科院自动化所胡卫明研究组[30]、西安电子科技大学焦李成研究组[31]、南京理工大学杨健研究组[32-33]、上海交通大学刘允才研究组[34]、北京交通大学郎丛妍研究组[35]、美国西北大学 X. F. Shen 研究组[36]等已将低秩分解用于视觉显著性检测中，采用加速近邻梯度法（Accelerated proximal gradient, APG）[37]、增广拉格朗日乘子法（Augmented lagrange multipliers, ALM）[38]和交替方向法（Alternating direction method of multipliers, ADMM）[39]等进行求解，在自然图像上取得了很好的检测结果。织物图像纹理复杂多样，背景高度冗余且疵点显著稀疏，因此织物疵点检测相对自然图像中的目标检测更好地符合了低秩分解模型。

Cao 等[40]利用低秩表示进行建模，然后采用最小均方回归进行背景与疵点的分离，最后采用先验信息进一步提高了检测效率。Li 等[41]基于低秩表示进行疵点检测。该方法通过基于特征值分解及块矩阵方法提升了求解效率和精度。Qizi 等[42]提出了一种基于纹理先验和低秩表示的织物疵点检测方法。该方法首先通过估计纹理先验信息，从而构建先验图，然后基于先验图，进行加权低秩表示分解，从而定位出疵点区域。Cao 等[43]通过联合低秩和稀疏矩阵恢复进行疵点检测。该方法设计了具有噪声项的主成分分析模型，并通过先验信息提升检测精度。Ng 等[44]将全变差引入低秩表示中，减少了分解后的噪声，提升了检测精度。

对于低秩分解的疵点检测,其性能取决于有效描述子,其原因在于有效的描述子可以使背景部分处于较低维特征子空间中,稀疏部分距离低秩子空间较远。因此,有效的特征提取是低秩分解的关键步骤。另外,低秩分解模型及求解速度有进一步提升的空间。因此,本书对基于低秩分解的疵点检测模型进行深入研究,具体包括织物纹理特征表征、低秩模型构建及求解。提出一系列有效的检测方法,为织物及相关工业产品表面检测提供解决方案。

1.3 本书的主要工作及研究成果

本书基于低秩分解理论,进行织物疵点检测相关算法研究。主要包括织物纹理表征、低秩模型建立及求解,相关研究成果描述如下:

(1)提出基于 Gabor 滤波器和低秩分解的织物疵点检测算法。首先,对织物图像中的像素提取 Gabor 滤波器特征,再对相应生成的特征图进行平均采样,并将所有图像块的特征向量级联成特征矩阵。对于生成的特征矩阵,构建合适的低秩分解模型,通过快速近端梯度方法(Accelerated proximal gradient approach, APG)[32]优化求解,从而生成低秩矩阵和稀疏矩阵,最后采用改进阈值分割算法对由稀疏阵生成的疵点分布图进行分割,从而定位出疵点的区域和位置。

(2)提出了应用方向梯度直方图(HOG)和低秩分解的织物疵点检测算法。首先,将织物图像均匀采样为同等大小的图像块,对每个图像块提取 HOG 特征,并将所有图像块特征向量组成特征矩阵。针对特征矩阵,构建有效的低秩分解模型,通过方向交替乘子方法(Augmented lagrange multiplier method, ALM)[33]优化求解,生成低秩阵和稀疏阵;最后采用改进最优阈值分割算法对由稀疏阵生成的疵点分布图进行分割,从而定位出疵点区域。

(3)提出了基于 GHOG 及低秩分解的模式织物疵点检测算法。鉴于前两种检测算法只对纹理较为简单的织物疵点图像检测有效,本书提出了一种基于

GHOG和低秩恢复的模式织物疵点检测算法。首先,对图像进行Gabor滤波,从而生成相应的Gabor特征图,然后将对应的方向上的Gabor特征图进行均匀分块,对每块提取HOG特征,得到最后的GHOG特征,并将所有图像块的特征向量进行组合生成特征矩阵。对特征矩阵,构建低秩分解模型,并利用方向交替方法(Alternating direction methods, ADM)[34]进行优化求解,产生低秩矩阵和稀疏矩阵,并对由稀疏矩阵产生的疵点分布图采用改进阈值分割算法进行分割,从而定位出疵点的位置。

(4)提出了基于生物视觉特征提取及低秩表示的织物疵点检测算法。生物视觉对客观世界的表征是完备的,能支持各种复杂的高级视觉任务。本书引入一种借鉴人类视觉感知和视网膜表征机理的特征表示方法。在该特征表示的基础上,利用KSVD在测试图像上训练出正常织物图像块字典。基于学习出的字典,对特征矩阵构建低秩表示模型,并利用方向交替乘子法(Alternating direction methods of multipliers, ADMM)[35]方法进行优化求解,从而提高算法检测效果及自适应性。

(5)针对复杂纹理的织物难以有效表征问题,提出了一种基于多通道特征矩阵联合低秩表示的织物疵点检测算法。首先通过建模视网膜P型神经节细胞编码方式提取织物图像的二阶多通道特征,解决复杂织物图像难以有效表征的问题;然后构建联合低秩表示模型,并使用增广拉格朗日乘子算法进行优化求解,将多通道特征矩阵分解为分别对应于织物背景和疵点的低秩矩阵和稀疏矩阵;最后采用改进的自适应阈值分割算法对疵点显著图进行分割以定位疵点位置。

(6)针对联合低秩表示求解速度慢和一般的低秩分解模型仅适用于矩阵数据,难以处理高阶维度数据问题,提出了一种基于多通道特征和张量低秩分解的织物疵点检测算法。首先提取二阶多通道特征张量,组成特征张量,表征各种织物图像的方向信息;然后构建张量低秩分解模型,采用张量恢复方向交替乘子算法把得到的特征张量分解为低秩张量和稀疏张量;最后由稀疏张量部分生成疵点显著图,并通过改进的自适应阈值算法对显著图进行分割,从而定位出疵点所在位置。

(7)针对联合低秩表示模型和张量低秩分解模型均要求特征向量维度必须一致,不适用于不同维度特征向量融合的问题,提出了一种基于级联低秩分解的织物疵点检测算法。首先是对织物图像进行均匀分块,分别提取对织物图像纹理进行表征的 textons 特征和对织物图像方向信息进行表征的 Gabor 特征。然后构建级联低秩分解模型,将 Gabor 特征的先验结果与 textons 纹理特征空间的全局结构结合起来,提升检测效果。最后通过改进的自适应阈值分割算法定位疵点位置。

(8)提出基于融合特征和 TV-RPCA 的织物疵点检测算法。针对传统的单一特征描述子无法全面表征织物图像的问题,结合织物图像纹理特点,利用一阶特征和二阶特征的各自表征优势,本书通过典型相关分析将两种特征矩阵进行融合,得到的融合矩阵不仅可以保留两种单一特征的有效鉴别信息,还能在一定程度上消除信息的冗余性;针对当织物图像中含有一些噪声时,其中的稀疏噪声可能会被归入疵点显著图,进而影响检测效果的问题,本书通过在低秩分解模型中引入一个全变差正则项来消除这些噪声的影响。

(9)提出基于深度特征和 NTV-RPCA 的织物疵点检测算法。针对即使是多种传统人工描述子的融合,还是无法实现图像全面表征的问题,本书利用深度学习网络是一个完备的自发式特征提取器的优点,采用深度网络 VGG-16 进行多层次特征提取;显著图计算模型在引入全变差正则项的基础上,采用非凸优化算法对全变差正则项进行求解,可以得到更加精准的求解;最后,将得到的多层次疵点显著图通过低秩分解模型进行融合。

(10)提出基于深度—低秩特征和 NTV-NRPCA 的织物疵点检测算法。针对深度网络 VGG-16 的低效性,需要提取多层次深度特征再进行融合的问题,本书利用一种新型的深度学习网络,在其网络内部就利用捷径连接方式对多层次特征进行合并;另外,在深度网络提取出高阶语义信息的基础上,混入一些低阶对比信息来提升织物图像表征力;显著度计算模型在引入非凸全变差正则项的基础上,采用权重 Schatten p 范数对低秩分解模型进行非凸优化,使求解精度进一步提高。

1.4 总结与展望

1.4.1 工作总结

织物疵点种类多样、尺度多变、且背景纹理较为复杂，织物表面柔性大、易变形，因此，相对于其他工业产品，纺织过程中织物表面疵点的检测与分析已成为一个难题，具有重要的科学研究与应用价值。该本研究的研究成果也可为其他工业产品表面缺陷的检测与分析提供参考解决思路。本研究针对现有织物疵点检测识别技术存在的不足，将图像理解与分析技术的最新进展与行业需求相结合，研究了基于低秩分解的疵点检测模型，实现了织物疵点智能检测。具体工作总结如下：

(1)在织物纹理特征研究中，针对织物图像的特性，分别采用了传统手工表数字，如 Gabor、HOG 及 GHOG，在一定程度上解决了织物图像难以表征的问题；为了更进一步提升对织物图像的表征能力，基于人眼视觉建模，提出基于人眼视觉编码的特征表示方法及其二阶形式，对复杂的纹理有很好的表征能力。然后为提高对不同种类织物图像的自适应性，将多种描述子进行融合；最后引入深度学习特征，增强了织物纹理图像的自适应性及表征能力。

(2)在低秩分解模型构建中，分别采用鲁棒主成分分析(RPCA)及初始低秩分解模型，低秩表示进行建模，为提升分解效率及较少噪声，分别引入了字典学习、拉普拉斯正则项及全变差正则项。

(3)在模型求解过程中，尝试了不同的求解方法，如 APG、ALM、ADM 及 ADMM。并通过前向-后向分裂算法对全变差正则项进行非凸求解，如采用权重 Schatten p 范数对低秩部分进行非凸近似，并采用采用广义软阈值算法求解。实验也证明了采用非凸优化求解确实可进一步提高求解精度。

(4)在得到稀疏矩阵的基础上，生成视觉显著图，即疵点分布图，采用阈值分割技术定位出疵点区域。

研究成果为织物疵点检测提供了最新的方案,提高了检测精度。并对模型进行了优化和压缩,易于布置到工业现场。该本研究的研究成果也可为其他工业产品表面缺陷的检测与分析提供参考解决思路。可用于纸张、玻璃等工业产品检测。

1.4.2 工作展望

目前,低秩分解算法在机器视觉、模式识别等研究领域取得了很好的效果,引起了许多研究者的高度重视。但从织物疵点检测这一具体应用来看,还存在着特征表征有待进一步提升,模型计算量大,求解速度慢等问题,因此还有许多进一步研究的价值:

(1)疵点样本库的完善。本书实验中所用的织物是由 TILDA 织物纹理数据库和香港大学模式图像数据库提供,织物疵点的数量和种类还不够多,因此,在后续研究中需要进一步收集更多的织物疵点样本,对所提算法进行更全面的验证。本文所提算法的研究还仅限于理论层面,对实际工业中的应用效果还未可知。

(2)在特征表征上,DenseNet201 网络中最浅卷积层的大小就已远远小于输入图像的大小,所以造成了提取特征的高度抽象化,所以我们下一步将采用深度网络 DenseNet 的捷径连接方法,在 VGG-16 的基础上把各个卷积层进行直接连接,以提高特征传播,增强表征力,并且由于低阶特征对织物疵点检测任务的重要性,在设计的网络中应适量地增加浅层卷积层,以提取更多的低阶对比度信息。

(3)构建适合于织物疵点检测的快速高效的低秩分解模型。一般的低秩分解模型适用于矩阵数据,构建新的适用于高阶维数数据的低秩分解模型和如何减少优化算法的求解时间,提升织物疵点检测效率和精度是未来的一个研究热点。比如在现有的算法中,对矩阵进行完全的奇异值分解无疑是最耗时的,尝试使用部分奇异值分解可大大降低计算的复杂度,提高算法效率。

第 2 章　低秩稀疏矩阵分解理论基础

现今社会，在模式识别、图像处理、机器学习、计算机视觉等研究领域，对大规模的数据处理越来越重要。在这些数据中，虽然蕴含着巨大的信息以供使用，但同时也增加了研究这些数据的成本，巨大的数据和信息量也带来了所谓的“维度灾难”(Curse of dimensionality)。在实际的图像处理过程中，随着维度的不断升高，这些数据之间往往存在很多的冗余和相关性。对于一幅图像来说，像素之间存在很大的相关性，即存在很大的冗余，而图像中的像素组成一个矩阵，因此在数学上这个矩阵被称为是低秩的(秩：矩阵中行或列的极大无关组中向量的数目)。而目标在图像中所占的只是很小的一部分比例，因此可以看做是稀疏的，这在数学上可以看做矩阵或向量中只有很少的非零元素。由此，引发了学者对矩阵低秩性和稀疏性的一系列研究。

低秩稀疏矩阵分解，来源于近些年来很流行的压缩传感技术。压缩传感涉及对向量或矩阵的 ℓ_0 范数最小化，也就是使向量或矩阵中的非零元素个数最少。这正对应于向量和矩阵的稀疏性。而低秩性是指矩阵中的秩相对于矩阵的行和列是很小的。若把一个矩阵进行奇异值分解，然后把所有的奇异值排列成一个向量，则这个向量的稀疏性对应于矩阵的低秩性。因此，可以看做低秩性是稀疏性在矩阵意义上的扩展。低秩和稀疏矩阵分解则是同时利用原始矩阵本身存在的低秩性和误差矩阵存在的稀疏性。

2.1 低秩稀疏矩阵分解数学基础

低秩稀疏矩阵分解的概念最早由 Candes 等在 2009 年首次提出,在不同场合中,有时也被称为低秩矩阵恢复(Low-rank matrix recovery)或者鲁棒主成分分析(Robust principle component analysis, RPCA)[29],在本文中的讨论中统一简称为低秩分解。图 2.1 是将该理论应用于人脸检测中的例子。该理论还应用于图像处理、模式识别、计算机视觉和目标检测和识别等各个领域,如视频背景建模[45]、光度立体重建[46-47]、鲁棒联合图像对齐[48-49]、低秩纹理结构[50-51]等。

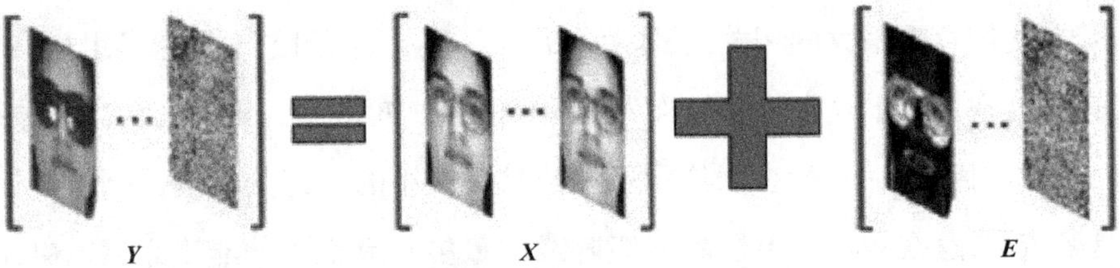

图 2.1 低秩稀疏矩阵分解模型用于人脸检测的例子

从数学上来讲,将一个原始数据矩阵 $\boldsymbol{Y}$ 分解为一个低秩矩阵 $\boldsymbol{X}$ 和一个稀疏矩阵 $\boldsymbol{E}$ 的和,具体可由以下优化问题来解决:

$$\min_{(\boldsymbol{X},\boldsymbol{E})}(rank(\boldsymbol{X}) + \lambda \ \|\boldsymbol{E}\|_0) s.t. \boldsymbol{Y} = \boldsymbol{X} + \boldsymbol{E} \tag{2.1}$$

式中:$\boldsymbol{X}$ 对应于低秩部分;$\boldsymbol{E}$ 对应于稀疏部分;$\|\cdot\|_0$ 表示矩阵的 ℓ_0 范数;λ 为衡量低秩与稀疏度的平衡因子。由于上式是非凸的,所以对该问题的求解是 NP 难的。我们通常用下面的凸优化式子来替代:

$$\min_{(\boldsymbol{X},\boldsymbol{E})}(\|\boldsymbol{X}\|_* + \lambda \ \|\boldsymbol{E}\|_1) s.t. \boldsymbol{Y} = \boldsymbol{X} + \boldsymbol{E} \tag{2.2}$$

式中:$\|\cdot\|_*$ 表示矩阵的核范数,为矩阵中所有奇异值的和。

在文献[29]中,上述公式也被称为是主成分追踪问题(Principle component pursuit, PCP),并给出如下定理:

定理 2.1：假设矩阵 $\boldsymbol{X}_0 \in \boldsymbol{R}^{n_1 \times n_2}$（一般定义 $n_1 \geqslant n_2$）关于参数 μ 满足如下的非相干条件（Incoherence condition）：

$$\max_i \|\boldsymbol{U}^{\mathrm{T}} e_i\|^2 \leqslant \frac{\mu r}{n_1}$$

$$\max_i \|\boldsymbol{V}^{\mathrm{T}} \mathrm{e}_i\|^2 \leqslant \frac{\mu r}{n_2} \tag{2.3}$$

$$\|\boldsymbol{U}\boldsymbol{V}^{\mathrm{T}}\|_\infty \leqslant \sqrt{\frac{\mu r}{n_1 n_2}}$$

式中：$\boldsymbol{e}_i$ 为单位向量，对矩阵 $\boldsymbol{X}_0$ 进行奇异值分解为 $\boldsymbol{X}_0 = \boldsymbol{U}\Sigma\boldsymbol{V}^{\mathrm{T}} = \sum_{i=1}^{r} u_i \sigma_i v_i^{\mathrm{T}}$，$r$ 是矩阵 $\boldsymbol{X}_0$ 的秩，$\|\boldsymbol{A}\|_\infty = \max_{i,j}|\boldsymbol{A}_{i,j}|$ 为矩阵的无穷范数，$\boldsymbol{X}_0$ 的支撑集在所有的坐标系中都服从均匀分布，只要满足以下条件：

$$\mathrm{rank}(\boldsymbol{X}_0) \leqslant \rho_r n_2 \mu^{-1} (\log_2 n_1)^{-2}, m \leqslant \rho_s n_1 n_2 \tag{2.4}$$

那么必然存在一个常数 c，使得式（2.2）（其中因为 $n_1 \geqslant n_2$，$\lambda = \sqrt{\max(n_1, n_2)} = \sqrt{n_1}$）至少能够以 $1 - cn_1^{-10}$ 的概率恢复出原始矩阵。另外，$\boldsymbol{\rho}_r$ 和 $\boldsymbol{\rho}_s$ 分别为大于 0 的常数。

也就是说，若低秩矩阵 $\boldsymbol{X}_0$ 的奇异向量能够分布合理，并且稀疏矩阵的非零元素符合均匀分布，则 *PCP* 问题就能以近似 1 的概率恢复出原始的低秩矩阵 $\boldsymbol{X}_0$。

2.2 低秩表示

低秩表示（Low-rank representation，LRR）是将一个数据集矩阵 $\boldsymbol{D}$ 表示成是由字典矩阵 $\boldsymbol{B}$ 的线性组合而成的，字典矩阵通常也被称为是基矩阵[52]。即 $\boldsymbol{D} = \boldsymbol{BZ}$，其中，$\boldsymbol{Z}$ 指的是系数矩阵，我们希望矩阵 $\boldsymbol{Z}$ 是低秩的。因此，我们需要求解以下的优化问题：

$$\min_{Z} \mathrm{rank}(\boldsymbol{Z}) \; s.t. \boldsymbol{D} = \boldsymbol{BZ} \tag{2.5}$$

为了便于优化，将上式凸松弛为：

$$\min_{Z} \|Z\|_{*} s.t. \boldsymbol{D} = \boldsymbol{BZ} \tag{2.6}$$

若将数据集 $\boldsymbol{D}$ 本身作为字典，则式(2.6)便可改写为：

$$\min_{Z} \|Z\|_{*} s.t. \boldsymbol{D} = \boldsymbol{DZ} \tag{2.7}$$

则得到的解为 $\boldsymbol{Z}^{*} = \boldsymbol{V}_r \boldsymbol{V}_r^{\mathrm{T}}$ ，此处 $\boldsymbol{U}_r \sum_r \boldsymbol{V}_r^{\mathrm{T}}$ 是 $\boldsymbol{D}$ 的奇异值分解。

若数据集 $\boldsymbol{D}$ 是由多个独立子空间抽样组合而成，那么 $\boldsymbol{Z}^{*}$ 为对角块矩阵，其中每个块都对应着一个子空间，这就是所谓的子空间聚类(Sparse subspace clustering，SSC)。

为了对噪声更加鲁棒，我们用一个更合理的模型来替代上式：

$$\min_{Z} \|Z\|_{*} + \lambda \|\boldsymbol{E}\|_{2,1} s.t. \boldsymbol{D} = \boldsymbol{DZ} + \boldsymbol{E} \tag{2.8}$$

式中：$\|\cdot\|_{2,1}$ 表示矩阵的 $\ell_{2,1}$ 范数，定义为矩阵所有列的 ℓ_2 范数的和。

对照式(2.2)和式(2.8)可知：

$$\text{LRR}=\text{SSC}+\text{RPCA} \tag{2.9}$$

LRR 目前也已经应用到各个领域，包括图像分割[53]、显著性检测[54]等。对 LRR 新近的研究发展包括隐藏的低秩表示(Latent LRR)[55]、固定秩表示(Fixed LRR)[56]、核低秩表示(Kernel LRR)[57]、低秩张量表示[58]等。

2.3 对低秩分解的优化求解方法

对于低秩分解的优化求解方法，主要包括以下几种：迭代阈值算法(Iterative thresholding, IT)[59]、加速近端梯度法(Accelerated proximal gradient, APG)[36]、对偶方法(Dual method)[36]、增广拉格朗日函数法(Augmented Lagrange multipliers, ALM)[37]、方向交替法(Alternating direction method, ADM)[38]或方向交替乘子法(Alternating direction method of multipliers, ADMM)[60]等。

其中，IT 法具有简单且收敛的迭代形式，但收敛速度相当缓慢，并且难以取合适的步长，因此应用范围很有限；APG 法与 IT 法具有类似的形式，但迭代次数大大降低；Dual 法比 APG 法更具有可扩展性，因为该方法在每次的迭代过程中不需要对矩阵进行完全的奇异值分解；ALM 法收敛速度快、精度高且存储空间小；ADM 法又称为不精确的拉格朗日法（Inexact ALM, IALM），不需要求目标函数的精确解，更大大加快了收敛速度。因此，ADM 或 ADMM 是目前应用最广泛的优化求解方法之一。

2.4　织物图像秩分析

矩阵的秩定义为矩阵线性无关列向量的极大数目。图像特征矩阵的秩越低，表示图像块间的相关性越强。正常织物图像由不同模式基元按照一定的规则排列而成，具有低秩性和高度的一致性。因此，较小的疵点应当对秩的大小并无影响，下面将通过计算各种织物图像的秩来验证这一关系。

首先将织物图像等分为相同大小的图像块，并提取其特征矩阵。则该特征矩阵的近似秩可通过式（2.10）进行计算：

$$\arg\min_{k}(\mathrm{RMSE}(k-1)-\mathrm{RMSE}(k))\leqslant\varepsilon \tag{2.10}$$

式中：k 为特征矩阵的近似秩，RMSE 为均方根误差（Root mean square error）；RMSE(k)为原图像矩阵和 k 秩近似矩阵的均方根误差，如式（2.11）所示；ε 为误差递减阈值，控制着秩近似程度。

$$\mathrm{RMSE}(k)=\sqrt{\frac{1}{m\times n}\|\boldsymbol{A}-\boldsymbol{B}\|_F^2} \tag{2.11}$$

式中：$\boldsymbol{A}$ 为原图像矩阵，$\boldsymbol{B}$ 为 k 秩近似矩阵，m、n 为矩阵的大小。由 Eckart-Young-Mirsky 定理可知，满秩为 r 的实矩阵 $\boldsymbol{A}\in\boldsymbol{R}^{m\times n}$ 的 k 秩近似矩阵 $\boldsymbol{B}$ 可以表示为下式：

$$\min_{\boldsymbol{B}\in\boldsymbol{R}^{m\times n}}\|\boldsymbol{A}-\boldsymbol{B}\|_F\ s.t.\ \mathrm{rank}(\boldsymbol{B})=k \tag{2.12}$$

假设矩阵 $\boldsymbol{A}$ 的奇异值分解为 $\boldsymbol{A}=\boldsymbol{U}\sum\boldsymbol{V}^{\mathrm{T}}$，将矩阵 $\sum$ 中的 $r-k$ 个最小的

奇异值置零，仅保留最大的 k 个奇异值获得矩阵 $\sum_k$，则式(2.12)的最优解为 $\boldsymbol{B}=\boldsymbol{U}\sum_k \boldsymbol{V}^{\mathrm{T}}$。

图 2.2 是一些典型的织物图像，第一行为不含疵点的织物图像，第二、第三行为对应的含疵点织物图像。通过式(2.10)计算图像矩阵的近似秩 k，可得无论是否含有疵点，第一至第五列织物图像的秩分别为 4,5,3,6,3。因此，实验结果表明，模织物图像的近似秩远小于特征矩阵大小，织物图像处于一个低秩子空间，且疵点并不能改变图像的低秩性，织物图像的背景低秩性假设是成立的。

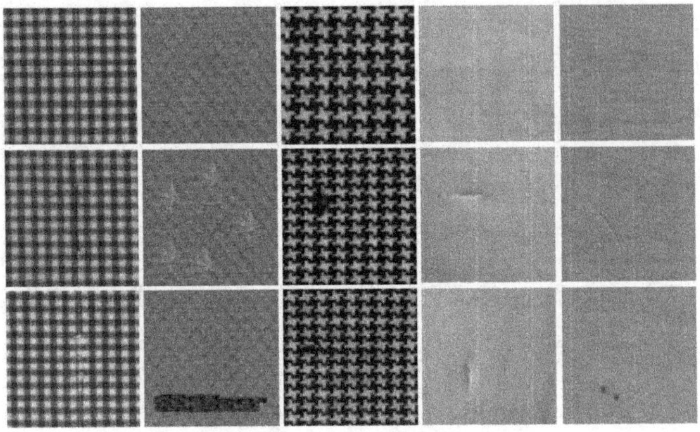

图 2.2　典型的织物图像

2.5　本章小结

本章简单介绍了低秩稀疏矩阵分解模型的相关的理论基础，还介绍了由此发展的低秩表示相关理论，并且对目前存在的对低秩分解模型进行优化求解的方法有了大概了解，正是因为这些理论的推动，才使得人们将低秩分解与织物疵点检测联系起来，进而设计不同的基于低秩稀疏矩阵分解的织物疵点检测算法，从而证明所研究课题的学术价值，夯实了坚实的基础。

第3章　基于Gabor滤波器和低秩分解的织物疵点检测算法

对织物图像的表征也是疵点检测的关键步骤,目前织物图像表征往往直接采用现有机器视觉、图像处理等领域的图像表征方法,例如LBP、SIFT、灰度共生矩阵等特征。该类特征并未瞄准问题的本质,因此难以有效处理织物图像中固有的纹理复杂性和疵点多样性,从而造成检测结果不理想。

Gabor滤波器作为线性滤波器,时常被用作边缘检测,并且它的频率和方向表示非常接近人类视觉系统对于频率和方向的表示,因此若将Gabor滤波器用于织物图像中,能够很好地表征织物图像的纹理。

因此,本章提出一种基于Gabor滤波器和低秩分解的织物疵点检测算法。首先对织物图像提取多方向多尺度的Gabor滤波器特征,然后对生成的特征图进行均匀分块,之后将每个小块得到的特征向量组合成特征矩阵,构建有效的低秩分解模型,并通过APG法[36]对模型进行优化求解,从而将特征矩阵分成低秩阵和稀疏阵,最后利用最优阈值分割算法[61]对由稀疏阵产生的疵点分布图进行阈值分割,得到最终的检测结果,从而定位出疵点的位置和区域。通过进行大量实验,验证所提算法的有效性和鲁棒性。

3.1　Gabor滤波器特征提取

Gabor滤波器特征作为一种很有效的纹理特征描述子,已经被广泛应用于目标检测和识别中[62]。在空域中,一个二维的Gabor滤波器通常是由一个正弦平面波和高斯核函数相乘得到。Gabor 滤波器特征是自相似的,也就是说,任意的 Gabor 滤波器都可以由一个母小波经过膨胀和旋转得到。在实际应用中,Gabor 滤波器在频域中,对图像在不同方向、不同尺度上提取相关特征。

对于一个二维 Gabor 滤波器,其复函数表达式为:

$$g(x,y;\lambda,\psi,\sigma,\gamma) = \exp\left(-\frac{x'^2+\gamma^2y'^2}{2\sigma^2}\right)\exp\left[i\left(2\pi\frac{x'}{\lambda}+\psi\right)\right] \tag{3.1}$$

式(3.1)的实数部分为:

$$g(x,y;\lambda,\psi,\sigma,\gamma) = \exp\left(-\frac{x'^2+\gamma^2y'^2}{2\sigma^2}\right)\cos\left(2\pi\frac{x'}{\lambda}+\psi\right) \tag{3.2}$$

虚数部分为:

$$g(x,y;\lambda,\psi,\sigma,\gamma) = \exp\left(-\frac{x'^2+\gamma^2y'^2}{2\sigma^2}\right)\sin\left(2\pi\frac{x'}{\lambda}+\psi\right) \tag{3.3}$$

其中,$x' = x\cos\theta + y\sin\theta$,$y' = -x\sin\theta + y\cos\theta$ 。另外,λ 表示波长,它的值是以像素为单位制定的,通常要大于或等于 2,但不能大于输入图像尺寸的1/5;θ 表示方向,该参数指定了 Gabor 函数并行条纹的方向,它的取值为 0~360°;ψ 表示相位偏移,它的取值范围为-180°~180°,其中,0 和 180°分别对应中心对称的 center-on 函数和 center-off 函数,而-90°和 90°对应反对称函数;γ 表示长宽比,即空间纵横比,决定了 Gabor 函数的椭圆率。当 $\gamma = 1$ 时形状是圆的,当 $\gamma < 1$ 时,形状随着平行条纹方向而拉长,本章中取 $\gamma = 0.5$;σ 表示 Gabor 函数的高斯标准差,它的值不能直接被设置,它是随着滤波器的半响应空间频率带宽(定义为 b)而变化的,它们之间的关系如下:

$$b = \log_2\frac{\frac{\sigma}{\lambda}\pi+\sqrt{\frac{\ln 2}{2}}}{\frac{\sigma}{\lambda}\pi-\sqrt{\frac{\ln 2}{2}}},\quad \frac{\sigma}{\lambda} = \frac{1}{\pi}\sqrt{\frac{\ln 2}{2}}\cdot\frac{2^b+1}{2^b-1} \tag{3.4}$$

本章中取带宽 $b = 1$,此时,标准差和波长的关系为:$\sigma = 0.56\lambda$ 。

本章提取 Gabor 滤波器特征的具体实现过程如下:

(1)构建 Gabor 滤波器组:从 3 个尺度和 12 个方向对图像提取 Gabor 特征,这样就组成了 36 个 Gabor 滤波器,也就对应 36 个特征图。

(2)将每个特征图均匀分块为大小为 16pixel×16pixel 的图像块。

(3)将滤波器组与每个小块在空域上进行卷积,每个图像块都可得到 36 个滤波器输出。

(4)取每个小块的类中心,即特征均值作为该图像块的特征向量,每个小块输出一个 36×1 的特征向量。

3.2　模型构建及优化求解

定义任意小块为 $\{B_i\}_{i=1,\cdots,N}$,其中 N 为分块的数目。定义前面得到的特征向量为 $\boldsymbol{f}_i$ 。将所有小块的特征向量组合成一个特征矩阵 $\boldsymbol{F}=[f_1,f_2,\cdots,f_N]$, $\boldsymbol{F}\in\boldsymbol{R}^{d\times N}$,用来表示整幅图像的信息,其中 d 表示特征矩阵的维数(此处的 $d=36$)。

3.2.1　低秩模型构建

针对生成的特征矩阵 $\boldsymbol{F}$,构建有效的低秩分解模型如下:

$$(\boldsymbol{L}^*,\boldsymbol{S}^*)=\arg\min_{(\boldsymbol{L},\boldsymbol{S})}(\mathrm{rank}(\boldsymbol{L})+\boldsymbol{\lambda}\|\boldsymbol{S}\|_0)\ s.t.\ \boldsymbol{F}=\boldsymbol{L}+\boldsymbol{S} \tag{3.5}$$

式中:$\boldsymbol{L}$ 为低秩阵,用来表示冗余织物背景;$\boldsymbol{S}$ 为稀疏阵,能够有效代表疵点信息。

因为上述优化问题是非凸的,所以对它的求解属于 NP-难问题,很难得到最优解。通常我们用下式来近似替代。

$$(\boldsymbol{L}^*,\boldsymbol{S}^*)=\arg\min_{(\boldsymbol{L},\boldsymbol{S})}(\|\boldsymbol{L}\|_*+\lambda\|\boldsymbol{S}\|_1)\ s.t.\ \boldsymbol{F}=\boldsymbol{L}+\boldsymbol{S} \tag{3.6}$$

式中: $\|\cdot\|_*$ 为矩阵的核范数; $\|\cdot\|_1$ 为矩阵的 ℓ_1 范数; λ 为控制低秩度和稀疏度的平衡因子。

3.2.2　模型的优化求解

对于式(3.6),我们采用前文提到的 APG 法[36]进行优化求解。

其实,对于下面要提到的更为一般化的优化模型,式(3.6)只是这个模型的一个特殊情形:

$$\min_{X \in \mathcal{H}} g(X) \text{ s.t. } \mathcal{A}(X) = b \tag{3.7}$$

式中:$\mathcal{H}$为范数 $\|\cdot\|$ 的实希尔伯特空间;$g(\cdot)$ 为一个连续凸函数;$\mathcal{A}$ 为一个线性映射;b 为观测值。

通常将式(3.7)的约束问题凸松弛成以下非约束问题来解决:

$$\min_{X \in \mathcal{H}} F(X) = \mu g(X) + f(X) \tag{3.8}$$

式中:$f(X) = \frac{1}{2}\|\mathcal{A}(X) - b\|^2$ 为罚函数,$\mu > 0$ 为很小的松弛参数。因为μ 近似等于0,所以式(3.7)中任意的解都接近于公式(3.8)的解集。函数$f(\cdot)$ 是既凸又平滑的,根据利普希茨连续条件可知:

$$\|\nabla f(X_1) - \nabla f(X_2)\| \leq L_f \|X_1 - X_2\|$$

式中:∇f 为函数f的全导数,相当于 $\mathcal{H}$空间里的一个元素;L_f 为利普希茨常数,近似等于线性映射 $\mathcal{A}$ 算子范数的平方。

该算法并非直接最小化 $F(X)$,而是用一个可分离的二次函数来逼近 $F(X)$,定义为 $Q(X,Y)$, Y 是特别选取的点构成的集合:

$$Q(X,Y) = f(Y) + \langle \nabla f(Y), X - Y \rangle + \frac{L_f}{2}\|X - Y\|^2 + \mu g(X) \tag{3.9}$$

由式(3.9)很容易看到, $Q(X,Y)$ 为 $F(X)$ 的上阈值。另外,如果我们定义 $G = Y - \frac{1}{L_f}\nabla f(Y)$,则:

$$\arg\min_X Q(X,Y) = \arg\min_X \left\{\mu g(X) + \frac{L_f}{2}\|X - G\|^2\right\} \tag{3.10}$$

为了求解式(3.7),可以重复设置 $X_{k+1} = \arg\min_X Q(X,Y_k)$, Y_k 的值是根据 $X_0,\cdots,X_k$ 取定的。这个迭代的收敛性能很大程度上依赖于构成的二次逼近函数 $Q(X,Y_k)$ 的 Y_k 的点。若选择 $Y_k = X_k$,会导致收敛率优于 $O(k^{-1})$ 。然而,在平滑情形 $g(X) \equiv 0$ 下,文献[63]中提到若设置 $Y_k = X_k + \frac{t_{k-1} - 1}{t_k}(X_k - X_{k-1})$ 满足

$t_{k+1}^2 - t_{k+1} \leqslant t_k^2$ 可以将收敛率提高到 $O(k^{-2})$ 。最近,文献[56]将这个算法扩展到非平滑情形($g(X) \equiv 0$),收敛率也可以达到 $O(k^{-2})$ 。这两个变量可以看做一般近端梯度算法(General proximal gradient algorithm, GPG)的特殊情形,具体详见**算法 3.1**。

算法 3.1　一般近端梯度算法(General proximal gradient algorithm, GPG)

1: While not converged do

2: $\boldsymbol{Y}_k \leftarrow \boldsymbol{X}_k + \dfrac{t_{k-1} - 1}{t_k}(\boldsymbol{X}_k - \boldsymbol{X}_{k-1})$

3: $\boldsymbol{G}_k \leftarrow \boldsymbol{Y}_k - \dfrac{1}{L_f} \nabla f(\boldsymbol{Y}_k)$

4: $\boldsymbol{X}_{k+1} \leftarrow \arg\min_X \left\{\mu g(X) + \dfrac{L_f}{2} \| X - G_k \|^2\right\}$

5: $t_{k+1} \leftarrow \dfrac{1 + \sqrt{4t_k^2 + 1}}{2}, k \leftarrow k + 1$

6: end while

在**算法 3.1** 中构成可分离的二次逼近项的主要动机是因为在许多情形中,最小值 $\boldsymbol{X}_{k+1}$ 是一个简单的、封闭式的形式。例如,当 $\mathcal{H}$ 是一个欧式空间,而 $g(\cdot)$ 为 ℓ_1 范数, $\boldsymbol{X}_{k+1}$ 由 $\boldsymbol{G}_k$ 中的项通过软阈值操作获得。也就是说,对于任意的 $x \in R$ 和 $\varepsilon > 0$,令:

$$\boldsymbol{S}_\varepsilon[x] = \begin{cases} x - \varepsilon, \text{if } x > \varepsilon \\ x + \varepsilon, \text{if } x < -\varepsilon \\ 0, otherwise \end{cases} \tag{3.11}$$

然后按元素将这个操作扩展到向量和矩阵中,则用这个符号表示 $\boldsymbol{X}_{k+1} = \boldsymbol{S}_{\frac{\mu}{L_f}}[\boldsymbol{G}_k]$ 。

同样,如果$\mathcal{H}$是由一系列尺寸大小相同且带有 Frobenius 范数 $\|\cdot\|_F$ 的矩阵集合而成的空间,而$g(\cdot)$ 表示矩阵的核范数,则 $\boldsymbol{X}_{k+1}$ 可以由奇异值的软阈值操作获得。若记 $\boldsymbol{G}_k=\boldsymbol{U}\sum\boldsymbol{V}^{\mathrm{T}}$ 是 $\boldsymbol{G}_k$ 的奇异值分解,则:

$$\boldsymbol{X}_{k+1}=\boldsymbol{U}\boldsymbol{S}_{\frac{\mu}{L_f}}\left(\sum\right)\boldsymbol{V}^{\mathrm{T}} \tag{3.12}$$

式(3.6)的低秩分解模型则是结合了上面两种方法。此处,迭代 $\boldsymbol{X}_k$ 等同于式(3.6)中的矩阵对 $(\boldsymbol{L}_k,\boldsymbol{S}_k)\in\boldsymbol{R}^{m\times n}\times\boldsymbol{R}^{m\times n}$,而 $g(\boldsymbol{X}_k)=\|\boldsymbol{L}_k\|_*+\|\boldsymbol{S}_k\|_1$。那么凸松弛问题式(3.8)就变为:

$$\min_{(\boldsymbol{L},\boldsymbol{S})}F(X)=\mu\|\boldsymbol{L}\|_*+\mu\lambda\|\boldsymbol{S}\|_1+\frac{1}{2}\|\boldsymbol{F}-\boldsymbol{L}-\boldsymbol{S}\|_F^2 \tag{3.13}$$

此处,迭代 X_{k+1} 同样有一个简单的表达。记 $\boldsymbol{G}_k=(\boldsymbol{G}_k^L,\boldsymbol{G}_k^S)\in R^{m\times n}\times R^{m\times n}$,令 $\boldsymbol{USV}^{\mathrm{T}}$ 是 $\boldsymbol{G}_k^L$ 的奇异值分解。注意此处的利普希茨常数设为 $L_f=2$,则

$$\boldsymbol{L}_{k+1}=\boldsymbol{U}\boldsymbol{S}_{\frac{\mu}{2}}[\boldsymbol{S}]\boldsymbol{V}^{\mathrm{T}},\boldsymbol{S}_{k+1}=\boldsymbol{S}_{\frac{\lambda\mu}{2}}[\boldsymbol{G}_k^S] \tag{3.14}$$

现在可以看到一个和**算法 3.1** 非常相似的迭代阈值算法,具体详见**算法 3.2**,这个算法可以获得良好的性能,在某些情况下可以大大地减少迭代的次数。使这个性能提升有两个因素:

(1)利用近端梯度框架系统阐释这个问题并且利用 $\boldsymbol{Y}_k$ 的平滑计算。

(2)利用连续技术,即利普希茨连续条件:不是直接利用近端梯度算法求解,而是通过更新μ,从一个很大的初值μ_0 通过迭代递减到最小值$\bar{\mu}$。这样即可以观察到迭代次数和奇异值分解的计算量大大降低了。总结一下主要的结果如下:

定理 3.1:令 $F(X)\equiv F(\boldsymbol{L},\boldsymbol{S})=\bar{\mu}\|\boldsymbol{L}\|_*+\bar{\mu}\lambda\|\boldsymbol{S}\|_1+\frac{1}{2}\|\boldsymbol{F}-\boldsymbol{L}-\boldsymbol{S}\|_F^2$,则对于所有的 $k>k_0=\dfrac{C_1}{\log\left(\frac{1}{\eta}\right)}$,可以得到:

$$F(\boldsymbol{X}_k)-F(\boldsymbol{X}^*)\leqslant\frac{4\|\boldsymbol{X}_{k0}-\boldsymbol{X}^*\|_F^2}{(k-k_0+1)^2} \tag{3.15}$$

其中，$C_1 = \log\left(\frac{\mu_0}{\bar{\mu}}\right)$，$X^*$ 是式(3.12)的任意解。

因此，对于任意的 $\varepsilon > 0$，当 $k > k_0 + \frac{2\|X_{k0} - X^*\|_F^2}{\sqrt{\varepsilon}}$，可以保证 $F(X_k) < F(X^*) + \varepsilon$。

算法 3.2　通过 APG 法求解低秩分解问题

输入：观测矩阵 $\boldsymbol{F} \in \boldsymbol{R}^{m\times n}$，$\lambda$

1：$L_0, L_{-1} \leftarrow 0; S_0, S_{-1} \leftarrow 0; t_0, t_{-1} \leftarrow 1; \bar{\mu} \leftarrow \delta\mu_0; k \leftarrow 0$

2：while not converged do

3：$Y_k^L \leftarrow L_k + \frac{t_{k-1} - 1}{t_k}(L_k - L_{k-1}), Y_k^S \leftarrow S_k + \frac{t_{k-1} - 1}{t_k}(S_k - S_{k-1})$

4：$G_k^L \leftarrow Y_k^L - \frac{1}{2}(Y_k^L + Y_k^S - F)$

5：$(U, S, V) \leftarrow svd(G_k^A), L_{k+1} = US_{\frac{\mu_k}{2}}[S]V^{\mathrm{T}}$

6：$G_k^S \leftarrow Y_k^S - \frac{1}{2}(Y_k^L + Y_k^S - F)$

7：$S_{k+1} = S_{\frac{\lambda\mu_k}{2}}[G_k^S]$

8：$t_{k+1} \leftarrow \frac{1 + \sqrt{4t_k^2 + 1}}{2}$

9：$\mu_{k+1} \leftarrow \max(\eta\mu_k, \bar{\mu})$

10：$k \leftarrow k + 1$

11：end while

输出：$L \leftarrow L_k, S \leftarrow S_k$

3.3 疵点分布图生成及分割

当通过前面提及的方法将织物图像的特征矩阵 $\boldsymbol{F}$ 分离成对应于背景的低秩矩阵 $\boldsymbol{L}$ 和对应于疵点的稀疏矩阵 $\boldsymbol{S}$ 以后，把 $\boldsymbol{S}$ 中的每一列 $\boldsymbol{S}_i$ 的 ℓ_1 范数用来表示相应分割的不规则度，即

$$\mathrm{sal}(B_i) = \| \boldsymbol{S}_i \|_1 \tag{3.16}$$

如果 $\| \boldsymbol{S}_i \|_1$ 越大，则第 i 块 B_i 的图像区域的值也就越大，那么这个区域是疵点的概率越大。由此也相应地的产生一个疵点分布图 $\boldsymbol{SM}$ 。

对疵点分布图 $\boldsymbol{SM}$ 进行降噪得到一个新的疵点分布图 $\hat{\boldsymbol{S}}$:

$$\hat{\boldsymbol{S}} = g * (\boldsymbol{SM} \circ \boldsymbol{SM}) \tag{3.17}$$

式中：g 是圆形平滑滤波器；$\circ$表示哈达玛内积运算符；$*$ 表示卷积运算。

接下来，把疵点分布图 $\hat{\boldsymbol{S}}$ 转换成灰度图像 $\boldsymbol{G}$：

$$\boldsymbol{G} = \frac{\hat{\boldsymbol{S}} - \min(\hat{\boldsymbol{S}})}{\max(\hat{\boldsymbol{S}}) - \min(\hat{\boldsymbol{S}})} \times 255 \tag{3.18}$$

最后，利用最优阈值分割算法[61]对 $\boldsymbol{G}$ 进行分割，从而定位出疵点的位置和区域。

3.4 实验结果及分析

为了验证所提算法的有效性和鲁棒性，我们从 TILDA 织物图像库中随机挑选几类常见的疵点图像（包括错纬、断经、跳花、破损、断纬等），图片大小均为 512pixel×512pixel，图像块大小选为 16pixel×16pixel。本章的所有实验均在 Inter (R) Core(TM) i3. 2120 3. 3GHZ 的 CPU 环境下，使用工具软件 MATLAB 2011a

完成。

织物疵点图像矩阵通过低秩分解模型，分解成低秩阵和稀疏阵。然后利用稀疏阵产生相应的疵点分布图，从而突出疵点的位置。最后利用阈值分割算法，对疵点分布图进行分割，生成最终的检测结果，从而定位出疵点的位置和区域。为了更加体现所提算法的优越性，将所提算法与同领域内其他目标检测算法进行对比，包括：基于上下文感知的方法（CA）[64]、基于小波变换的方法（WT）[65]、基于纹理差异的方法（TDVSM）[18]、基于先验指导的最小平方回归方法（PGLSR）[40]等方法。具体可见图 3.1 所示，其中第一列为原始织物图像；第二列为[64]所提方法生成的疵点分布图；第三列为[65]所提方法生成的疵点分布图；第四列为[18]所提方法生成的疵点分布图；第五列为[40]所提方法生成的疵点分布图；最后一列为笔者所提方法生成的疵点分布图。

由图 3.1 所示，根据 CA 的方法，基于上下文生成疵点分布图，该方法对于大多数的织物疵点图像都能获得很好的检测性能。然而，它仅以图像的亮度为特征，因此，对于一些亮度不均匀的图像检测效果一般，如图 3.1（b）的第四、第六幅图所示。基于 WT 的方法将图像从空域转换到频域，通过分析小波系数生成疵点分布图。然而，如果图像的背景纹理比较复杂，或者说正常块的系数过大，都有可能检测不出疵点的位置，如图 3.1（c）第一、第二幅图所示。基于 TDVSM 的方法对图像块提取 LBP 纹理特征，通过与图像块的平均纹理特征的相似度进行比较，从而计算并突出疵点的位置。该方法对于大多数的具有随机纹理的静态图片检测效果很好，但对于具有模式（Patterned）织物疵点图像检测效果欠佳，如图 3.1（d）第一幅图。基于 PGLSR 的方法对于大多数的花纹图像检测效果良好，但对于随机纹理的静态图片效果一般，如图 3.1（e）第五幅图所示。而通过笔者所提方法结合 Gabor 滤波器特征和低秩分解的织物疵点检测产生的疵点分布图，能够更有效地突出疵点的位置和区域。

接下来，对疵点分布图进行阈值分割得到最终的检测结果。为了进一步显示所提算法的有效性，我们将所提算法的分割结果与其他的疵点检测算法

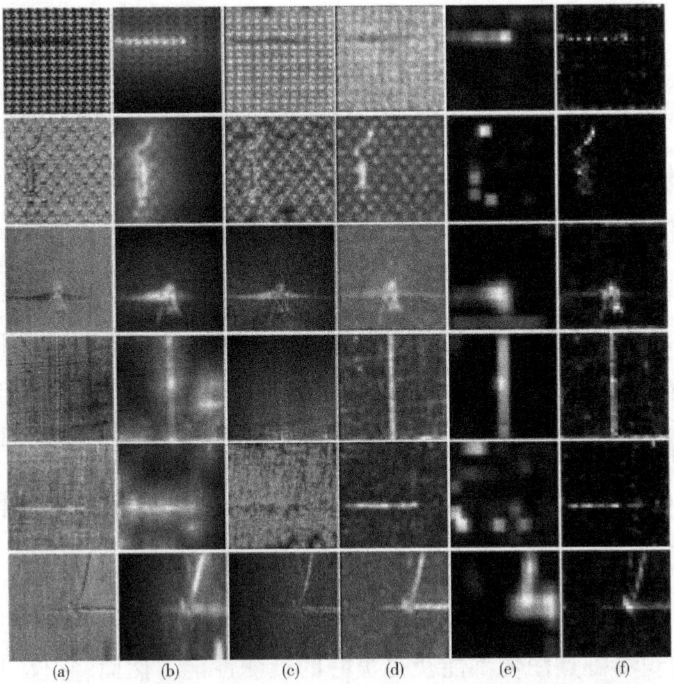

图 3.1　本章方法与其他方法生成的疵点分布图对比

进行对比。如图 3.2 所示，其中第一行为基于 TDVSM 的检测结果，第二行为基于 PGLSR 的检测结果，最后一行为笔者所提算法的检测结果。由图 3.2 可知，笔者所提的算法可以有效地定位出疵点的位置和区域。

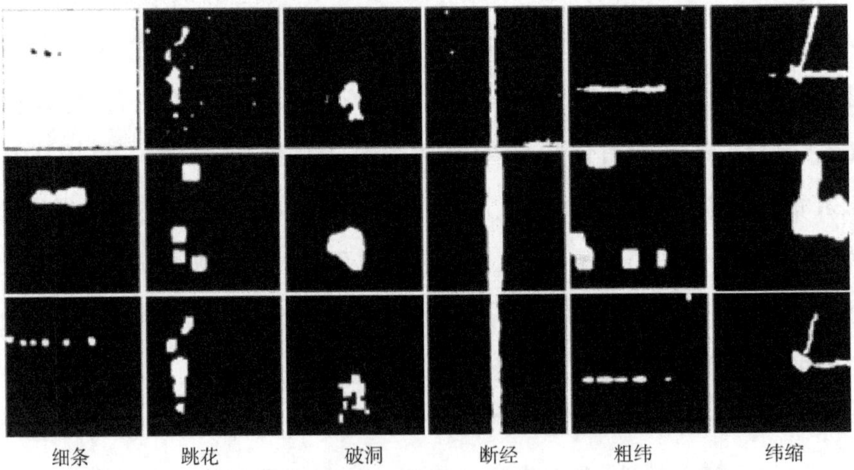

图 3.2　所提算法与其他方法检测结果对比

前面笔者对所提算法进行了定性的比较，为了更进一步体现所提算法的有效性和鲁棒性，进行定量的比较。文献[66]中 Ng. M. K 等提出了一些测试指标，并定义了一些概念，即真正类(True positive, TP)、假正类(False positive, FP)、真负类(True negative, TN)、假负类(False negative, FN)。定义以下几个指标：准确率[Accuracy, ACC = (TP + TN)/(TP + TN + FP + FN)]、真正率[True positive rate, $TPR = TP/(FP + TN)$]、假正率[True positive rate：FPR = TP/(FP + TN)]、正预测值[Positive predictive value, PPV = TP/(TP + FP)]、负预测值[Negative predictive value, NPV = TN/(TN + FN)]。我们从 TILDA 织物图像集中选择图片，并将所提算法与文献[18]、文献[40]中的方法进行对比，平均检测率如表 3.1 所示。

表 3.1　所提方法与其他方法的平均检测率对比

方法	ACC	TPR	FPR	PPV	NPV
文献[18]方法	87.6%	78.6%	8.06%	48.9%	93.4%
文献[40]方法	90.2%	80.5%	6.86%	68.6%	96.2%
本章方法	91.2%	86.3%	9.98%	70.3%	97.6%

3.5　本章小结

本章提出了一种基于 Gabor 滤波器特征和低秩分解的织物疵点检测算法。首先对织物图像提取 Gabor 滤波器特征，然后对滤波器输出的特征图进行均匀采样，并将所有块的特征向量组合成特征矩阵。通过构建有效的低秩分解模型，把特征矩阵分解为低秩阵和稀疏阵，之后通过 APG 法对模型进行优化求解，并利用最优阈值分割算法对由稀疏阵生成的疵点分布图进行分割，得到最终的检测结果。通过大量的实验证明，本章所提算法与同领域内其他方法相比，更加有效和鲁棒。但是，本章所提的方法只对于背景纹理比较简单的织物疵点图像检测效果不错，但对于纹理复杂的模式图像效果一般。另外，对于 Gabor 滤波器组的计算量较大，因此该算法比较耗时，本章算法为后面章节的讨论提供了新的思路。

第 4 章　基于 HOG 和低秩分解的织物疵点检测算法

HOG 作为一种有效的纹理特征描述方法，被广泛应用于目标检测、识别中[62]。该方法认为图像梯度和边缘的方向密度分布能够很好地描述局部目标的表象和形状，然后通过计算和统计图像局部区域的方向梯度直方图来形成特征。

因此，本章提出了一种基于 HOG 和低秩分解的织物疵点检测算法。首先对图像进行平均抽样，并提取每个图像块的 HOG 特征，实现对织物图像的有效表征，然后将所有特征向量组合成特征矩阵。通过建立有效的低秩分解模型，并采用 ALM 法[37]进行优化求解，将特征矩阵分解为低秩阵与稀疏阵，最后采用最优阈值分割算法[61]对由稀疏矩阵生成的疵点分布图进行分割，从而定位出疵点区域。

4.1　算法的提出及应用方法

所提算法的构建过程主要包括以下四步：预处理，特征提取，基于低秩分解的疵点分布图生成，疵点分布图阈值分割。构建过程的流程图如图 4.1 所示。

4.1.1　预处理

(1)图像分块：将大小为 $M \times N$ 的织物测试图像 X 等分为大小为 $m \times m$ 的图像块 X_i，其中 $i = 1,2,\cdots,K$（K 为图像块数）。

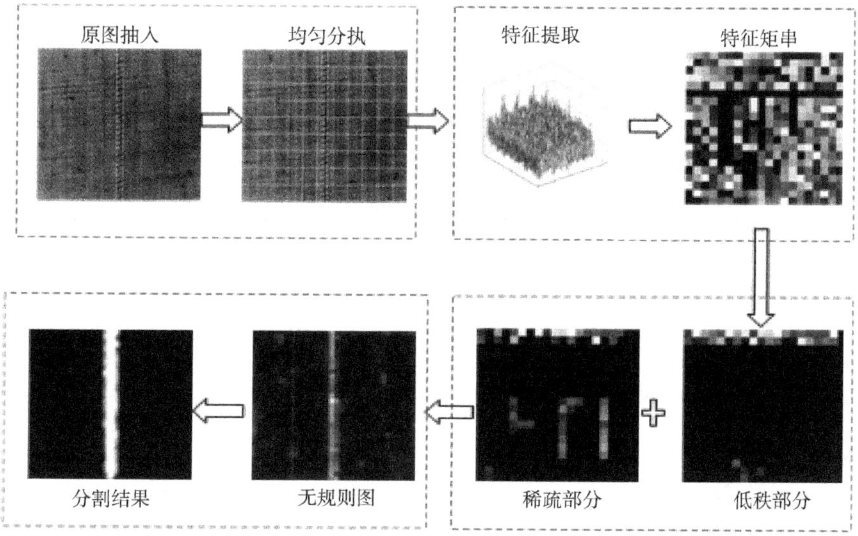

图 4.1　所提算法的构建过程流程图

（2）为了去相关性，采用如下公式对图像块 X_i 进行变换：

$$I_i = \frac{X_i - \mathrm{mean}(X_i)}{\mathrm{norm}(X_i)} \tag{4.1}$$

4.1.2　特征提取

对图像块提取 HOG 特征，其具体实现过程如下：

（1）Gamma 校正。首先利用 Gamma 校正对图像进行规范化，具体公式如下：

$$I(x,y) = I(x,y)^{\mathrm{gamma}} \tag{4.2}$$

在本章中，取 gamma 为 1/2。

（2）计算图像梯度。计算图像块像素点在水平和垂直方向的梯度：

$$\begin{aligned} G_x(x,y) &= H(x+1,y) - H(x-1,y) \\ G_y(x,y) &= H(x,y+1) - H(x,y-1) \end{aligned} \tag{4.3}$$

式中：$G_x(x,y)$，$G_y(x,y)$ 分别表示输入图像块中的像素点在 (x,y) 处水平方向和垂直方向的梯度，$H(x,y)$ 表示 (x,y) 处的像素值。像素点 (x,y) 处的梯度幅值和相位分别为：

$$G(x,y) = \sqrt{G_x(x,y)^2 + G_y(x,y)^2}$$
$$\alpha(x,y) = \tan^{-1}\left[\frac{G_y(x,y)}{G_x(x,y)}\right] \quad (4.4)$$

(3)构建梯度直方图。将图像分成若干个“单元格 cell”，将 cell 中的每个像素的梯度方向在直方图上进行加权投影，生成梯度直方图。然后将 cell 单元组合成更大的块(Block)并归一化块内的梯度直方图。把各个 cell 单元组合成大的、空间上联通的区间。这些区间是互相重叠，也就是说，每个单元格的特征会以不同的结果多次出现在最后的特征向量中。

(4)组装 HOG 特征。组合图像(检测窗口)中所有的重叠的块的 HOG 特征，生成最终的特征向量。

最终，对每个图像块 $I_i, i = 1,2,\cdots,K$ ，采用上述步骤提取 HOG 特征，表示为 f_i 。将所有图像块的特征 f_i 组成特征矩阵 $\boldsymbol{F} = [f_1, f_2, \cdots, f_K]$ ，$\boldsymbol{F} \in \boldsymbol{R}^{D\times K}$ ，用来代表整幅图像的信息，其中 $\boldsymbol{D}$ 为特征向量的维数。

4.1.3 基于低秩分解的疵点分布图生成

针对生成的特征矩阵 $\boldsymbol{F}$ ，构建低秩分解模型如下：

$$(\boldsymbol{L}^*, \boldsymbol{S}^*) = \arg\min_{(\boldsymbol{L},\boldsymbol{S})}[\mathrm{rank}(\boldsymbol{L}) + \lambda \|\boldsymbol{S}\|_0] \ s.t. \boldsymbol{F} = \boldsymbol{L} + \boldsymbol{S} \quad (4.5)$$

式中：$\boldsymbol{L}$ 为低秩阵，用来表示冗余织物背景；$\boldsymbol{S}$ 为稀疏阵，即疵点信息。

因为上述问题属于 *NP-hard* 问题，很难得到最优解，故采用如下凸优化方法来替代：

$$(\boldsymbol{L}^*, \boldsymbol{S}^*) = \arg\min_{(\boldsymbol{L},\boldsymbol{S})}(\|\boldsymbol{L}\|_* + \lambda \|\boldsymbol{S}\|_1) s.t. \boldsymbol{F} = \boldsymbol{L} + \boldsymbol{S} \quad (4.6)$$

式中：$\|\boldsymbol{L}\|_*$ 为矩阵 $\boldsymbol{L}$ 的核范数；$\|.\|_1$ 为 ℓ_1 范数；λ 为控制低秩度和稀疏度的平衡因子。

式(4.6)为凸优化模型，对于该模型的优化求解方法，本章采用前面提到的 *ALM* 方法[37]进行求解。首先构造式(4.6)的拉格朗日函数为：

$$\mathcal{L}(\boldsymbol{L},\boldsymbol{S},\boldsymbol{Y},\mu) = \|\boldsymbol{L}\|_* + \lambda\|\boldsymbol{S}\|_1 + \langle \boldsymbol{Y},\boldsymbol{F}-\boldsymbol{L}-\boldsymbol{S}\rangle + \frac{\mu}{2}\|\boldsymbol{F}-\boldsymbol{L}-S\|_F^2 \quad (4.7)$$

式中：$\boldsymbol{Y}$ 为拉格朗日乘子；$\langle\cdot\rangle$ 为内积操作；μ 为惩罚因子；$\|\cdot\|_F^2$ 为矩阵的Frobenius 范数的平方，即矩阵中所有元素的平方和。

当 $\boldsymbol{Y}=\boldsymbol{Y}_k,\mu=\mu_k$ 时交替迭代更新 $\boldsymbol{L}$ 和 $\boldsymbol{S}$，对式(4.7)进行优化求解，直到达到收敛条件为止。当 $\boldsymbol{S}=\boldsymbol{S}_{k+1}^j$ 时，则：

$$\begin{aligned}\boldsymbol{L}_{k+1}^{j+1} &= \underset{L}{\operatorname{argmin}}\mathcal{L}(\boldsymbol{L},\boldsymbol{S}_{k+1}^j,\boldsymbol{Y}_k,\mu_k)\\ &= \underset{L}{\operatorname{argmin}}\|\boldsymbol{L}\|_* + \frac{\mu^k}{2}\|\boldsymbol{L}-(\boldsymbol{F}-\boldsymbol{S}_{k+1}^j+\boldsymbol{L}_k/\mu^k)\|_F^2\\ &= D_{1/\mu^k}(\boldsymbol{F}-\boldsymbol{S}_{k+1}^j+\boldsymbol{Y}_k/\mu^k)\end{aligned} \quad (4.8)$$

然后根据得到的 $\boldsymbol{L}_{k+1}^{j+1}$ 更新矩阵 $\boldsymbol{S}$：

$$\begin{aligned}\boldsymbol{S}_{k+1}^{j+1} &= \underset{S}{\operatorname{argmin}}\boldsymbol{L}(\boldsymbol{L}_{k+1}^{j+1},\boldsymbol{S},\boldsymbol{Y}_k,\mu_k)\\ &= \underset{S}{\operatorname{argmin}}\boldsymbol{\lambda}\|\boldsymbol{S}\|_1 + \frac{\mu_k}{2}\|\boldsymbol{S}-(\boldsymbol{F}-\boldsymbol{L}_{k+1}^{j+1}+\boldsymbol{Y}_k/\mu_k)\|_F^2\\ &= \boldsymbol{S}_{1/\mu^k}(\boldsymbol{F}-\boldsymbol{L}_{k+1}^{j+1}+Y_k/\mu^k)\end{aligned} \quad (4.9)$$

若记 $\boldsymbol{L}_{k+1}^{j+1},\boldsymbol{S}_{k+1}^{j+1}$ 分别收敛于 $\boldsymbol{L}_{k+1}^*,\boldsymbol{S}_{k+1}^*$，则乘子矩阵 $\boldsymbol{Y}$ 的更新公式如下：

$$\boldsymbol{Y}_{k+1} = \boldsymbol{Y}_k + \mu_k(\boldsymbol{F}-\boldsymbol{L}_{k+1}^*-\boldsymbol{S}_{k+1}^*) \quad (4.10)$$

最后，更新参数 μ：

$$\mu_{k+1} = \begin{cases}\rho\mu_k & \text{若}\ \mu_k\|\boldsymbol{S}_{k+1}^*-\boldsymbol{S}_k^*\|_F/\|\boldsymbol{F}\|_F < \varepsilon\\ \mu_k & \text{其他}\end{cases} \quad (4.11)$$

式中：$\rho > 1$ 为常数；$\varepsilon > 0$ 为比较小的常数。

对于由上述介绍的低秩分解模型通过 ALM 优化求解，将织物图像的特征矩阵 $\boldsymbol{F}$ 分离成对应于背景的低秩矩阵 $\boldsymbol{L}$ 和对应于疵点的稀疏矩阵 $\boldsymbol{S}$。其中 $\boldsymbol{S}$ 的每一列 $\boldsymbol{S}_i$ 对应着一个图像块为疵点的可能性，本书采用 $\boldsymbol{S}_i$ 的 ℓ_1 范数来表示第 i 个图像块 B_i 的显著度，即为疵点的可能性大小：

$$\operatorname{sal}(B_i) = \|\boldsymbol{S}_i\|_1 \quad (4.12)$$

如果 $\|\boldsymbol{S}_i\|_1$ 越大，则图像块 B_i 为疵点的可能性越大。继而产生相应的疵

点分布图 **SM**。

4.1.4 疵点分布图分割

(1)对疵点分布图 **SM** 进行降噪得到 $\hat{S}$:

$$\hat{S} = g * (SM \circ SM) \tag{4.13}$$

式中:g 为圆形平滑滤波器;∘表示哈达玛内积运算符;* 表示卷积运算。

(2)将疵点分布图 $\hat{S}$ 转换成灰度图像 **G**:

$$G = \frac{\hat{S} - \min(\hat{S})}{\max(\hat{S}) - \min(\hat{S})} \times 255 \tag{4.14}$$

(3)利用最优阈值分割算法对 **G** 进行分割,从而定位出疵点区域。

4.2 实验结果及分析

为了验证所提算法的有效性,从 TILDA 织物图像库中随机挑选几类常见的疵点图像(包括错纬、断经、跳花、破损、断纬等),图片大小均为 512pixel×512pixel,图像块大小选为 16pixel×16pixel。本章的所有实验均在 Inter(R) Core(TM) i3. 2120 3. 3GHZ 的 CPU 环境下,使用工具软件 MATLAB 2011a 完成。

首先考虑对图像提取不同梯度方向的 HOG 特征,具体可见图 4. 2 所示。其中,第一列为原始织物图像,第二列为提取 6 个 HOG 特征生成的疵点分布图,第三列为提取 7 个 HOG 特征生成的疵点分布图,第四列为提取 8 个 HOG 特征生成的疵点分布图,第五列为提取 9 个 HOG 特征生成的疵点分布图。

由图 4. 2 中可以看出,所选特征较少时,对于有些图像疵点检测不连续,如图 4. 2(e)第 2 幅图所示,如此这样并不能很好地表示图像;而若特征维数较多,又会增加计算量,所以综合考虑之下,选择特征维数为 8。

再考虑不同的平衡因子 λ 所对应的疵点分布图。具体可见图 4. 3 所示。

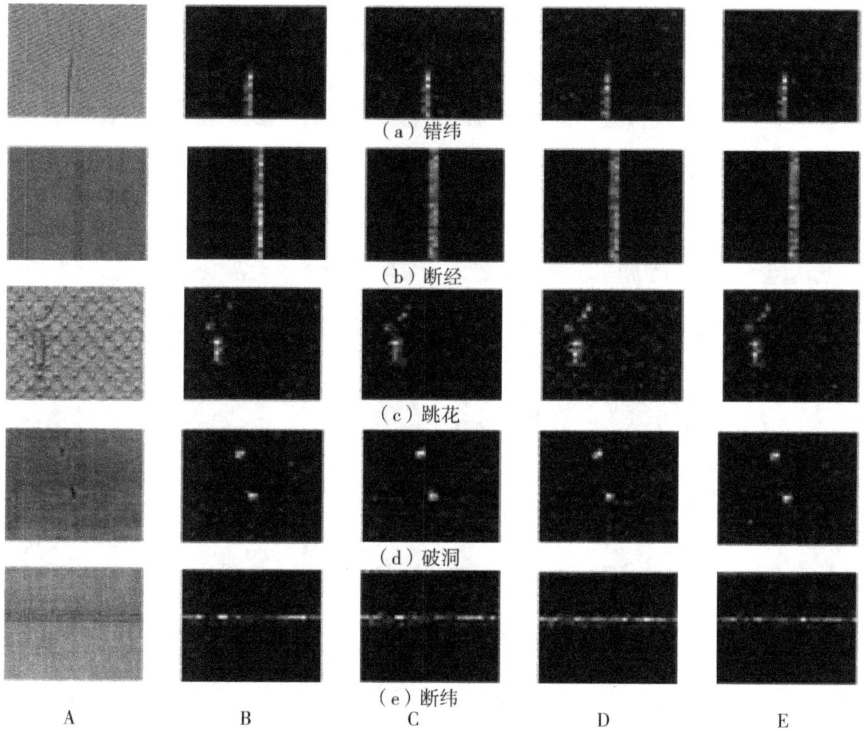

图4.2　织物疵点图像在不同特征下的疵点分布图

(A—原图,B~E分别为提取6~9维HOG特征生成的疵点分布图)

其中第一列为原图,第二列为取λ为0.02生成的疵点分布图、第三列为λ取0.04所生成的疵点分布图、第四列为λ取0.06所生成的疵点分布图、第五列为λ取0.08所生成的疵点分布图、第六列为λ取0.1所生成的疵点分布图。

平衡因子λ可以控制低秩度和稀疏度之间的平衡。由图4.3可见,当λ较小时,存在的噪声较大,如图4.3第二列所示。当λ较大时,可能会产生漏检的情况,如图4.3第六列所示。所以综合考虑各种因素,本文选择平衡因子λ为0.06。

由上面分析,本书选择特征维数为8,平衡因子λ为0.06的显著图作为最终的检测结果。

将本章算法生成的疵点分布图与其他目标检测模型生成的疵点分布图进

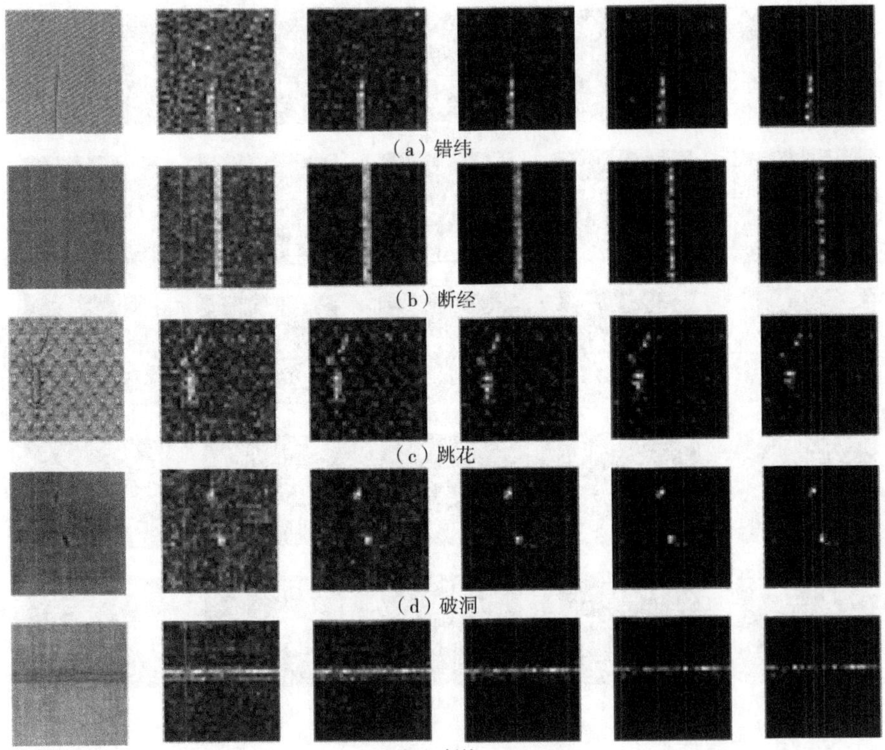

图 4.3　不同 λ 对应疵点分布图

（A—原图，B～E 表示 λ 分别为 0.02、0.04、0.06、0.08、0.1 时生成疵点分布图）

行对比。最后再对疵点分布图进行阈值分割，定位并凸显出疵点区域，具体可见图 4.4～图 4.8 所示。其中基于上下文感知[18]生成的疵点分布图如图 4.4 所示，基于元胞自动机[67]生成的疵点分布图如图 4.5 所示，基于低层特征小波变换[65]生成的疵点分布图如图 4.6 所示。

可以看到，基于上下文感知[18]的疵点分布图只考虑了图像的亮度特征，而对于织物图像更多的是纹理和方向特征，且大多为灰度图像，所以该方法不大适合于织物的疵点检测；基于元胞自动机[67]生成的疵点分布图只是将图像分成大小不一的元胞，而忽略了织物图像的整体信息，对织物疵点图像的检测效果都不是太理想；基于低层特征的小波变换[65]生成的疵点分布图，也是只考虑了图像的亮度特征，对于疵点和背景纹理差别不大的图片基本上就完全失效，如图 4.6(c)的第二幅图所示；而由笔者的方法结合 HOG 特征和低秩分解算法得到的疵点分布图，能够有效地突出织物的疵点区域，如图 4.7 所示。

最后，对于生成的疵点分布图，利用前述的改进最优阈值分割算法对疵点分布图进行分割，从而定位出疵点区域，实验结果如图 4.8 所示。从最终的分割图可以看出，所提算法能够很好地将疵点和背景分离开，且使疵点区域更加凸显，并且检测正确。

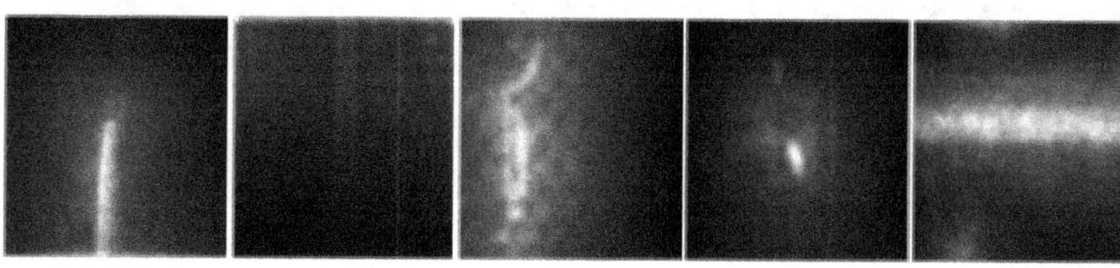

（a）错纬　（b）断经　（c）跳花　（d）破洞　（e）断纬

图 4.4　基于上下文感知生成的疵点分布图

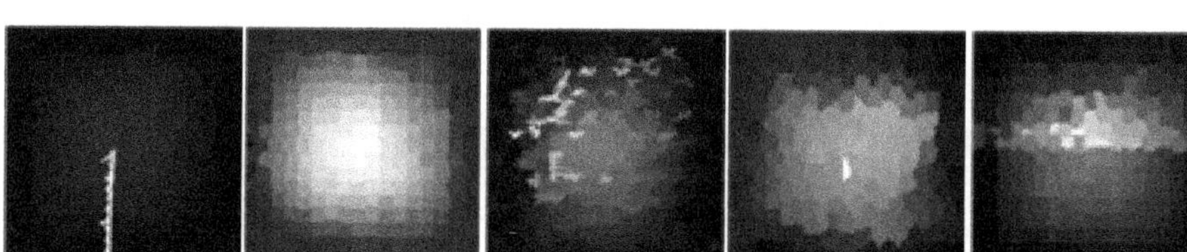

（a）错纬　（b）断经　（c）跳花　（d）破洞　（e）断纬

图 4.5　基于元胞自动机生成的疵点分布图

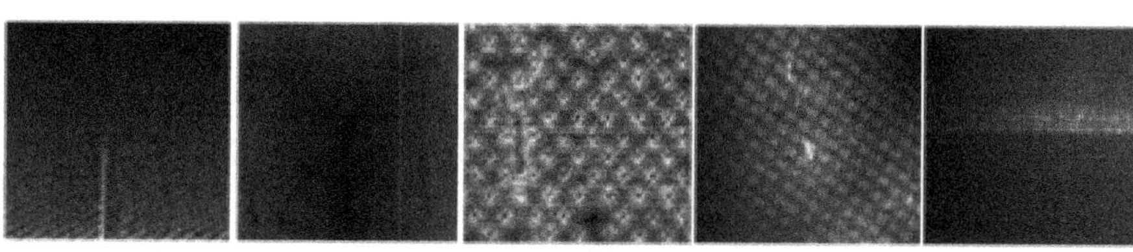

（a）错纬　（b）断经　（c）跳花　（d）破洞　（e）断纬

图 4.6　基于低层特征小波变换生成的疵点分布图

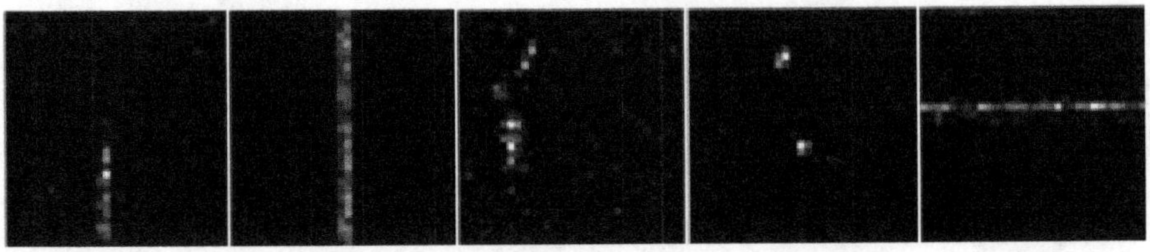

（a）错纬　（b）断经　（c）跳花　（d）破洞　（e）断纬

图 4.7　采用本章方法生成的疵点分布图

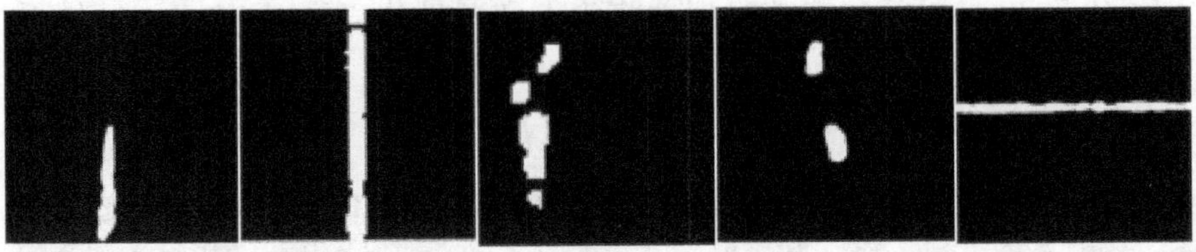

（a）错纬　（b）断经　（c）跳花　（d）破洞　（e）断纬

图 4.8　最终分割结果

4.3　本章小结

本章提出一种基于 HOG 特征和低秩分解的织物疵点检测算法。首先将疵点图像均匀分块，再对每个图像块提取 HOG 特征，取每块的这些特征作为该块的特征向量，将所有的特征向量组合成的特征矩阵进行低秩分解得到一个对应于背景的低秩阵和对应于疵点的稀疏阵，通过稀疏矩阵生成疵点分布图。最后通过最优阈值分割算法对疵点分布图进行分割，得到最终的检测结果。实验证明了所提算法能够有效并正确地检测出疵点区域。将所提算法生成的疵点分布图与其他目标检测模型生成的疵点分布图进行对比，所提算法更具有高度的有效性和鲁棒性。但该算法只是对方向性明显，且背景简单的织物疵点图像检测效果良好，对于模式织物图像的检测效果欠佳。本章算法的提出，为进一步研究在复杂结构中的目标检测提供了新的思路。

第5章　基于GHOG和低秩分解的模式织物疵点检测算法

前面第三、第四两章将传统的Gabor滤波器、HOG特征与低秩分解模型相结合,提出了有效的织物疵点检测算法。由于特征选取的随意性,并且采用现有低秩分解模型,在背景纹理相对简单的织物图像上取得了较好的检测结果,这也说明了将低秩分解模型应用于织物疵点检测的可行性,但针对背景纹理复杂的模式织物图像(如图1.1第三行所示)检测效果一般。

对于模式织物来说,由重复的结构单元组成,并通过一系列预先定义的对称规则产生。很自然的,我们需要研究的是织物图像中潜在的纹理结构和几何疵点目标之间的关联性。先前的方法都只是通过变换或者重建过程,常被用在纹理较为简单的平纹或斜纹织物图像中,并没有推广到相对较复杂的模式织物图像中。我们对模式织物图像的特点进行研究,发现正常模式织物图像具有规整的方向性,而疵点的存在破坏了纹理方向的规整性,因此对于模式织物图像疵点检测,提取有效的方向特征起着关键作用。我们结合Gabor滤波器特征和HOG特征,提出一种新的织物图像特征描述子GHOG。另外,在设计该特征描述子的基础上,构建有效的低秩分解模型,并引入非凸光滑替代函数来提高检测效率。

因此,本章提出一种基于GHOG和低秩分解的模式织物疵点检测算法。首先,对图像进行均匀分块,然后对每个图像块提取GHOG特征,组合所有块的特征向量成特征矩阵,针对特征矩阵,构建有效的低秩分解模型,并加入非凸光滑函数logdet(·)函数以提高计算效率,并利用ADM法[38]对模型进行优化求解,最后利用最优阈值分割算法对由低秩分解得到的稀疏阵生成的疵点分布图进行分割,从而定位出疵点的位置和区域。

5.1 所提算法

正常模式织物图像的纹理具有特定的方向规整性,而疵点的存在却破坏了这种规整性。而相对于自然场景中的目标检测,低秩分解模型更适合于模式织物疵点检测。因此,本章笔者提出的一种基于 GHOG 和低秩分解的织物疵点检测算法。主要分为以下四步:GHOG 特征提取,低秩模型构建,模型优化求解,疵点分布图生成及分割。

5.1.1 GHOG 特征提取

一般对于高效的织物疵点检测算法,所提取的特征都必须要有唯一性和高度区分的能力。因此,对于模式织物图像方向规整性的特点,提取有效的方向感知的特征是很有必要的。

前面第三章中已经提到 Gabor 滤波器特征用于织物纹理检测的优越性。本章采用一组 Gabor 滤波器组来提取模式织物图像的方向信息,产生相应的 Gabor 特征图。

Gabor 滤波器虽然已经广泛用于模式识别和图像处理中,但每个滤波器就对应一个输出,必定会带来很大的计算量。其实,对于一幅图像,其梯度空间可以测量像素强度的相对值而并非绝对值。而疵点的存在破坏了模式织物纹理的规整性,这必将导致梯度空间的效果比在图像空域中的效果要强。因此,从含疵点的图像块的梯度空间中提取的特征相较正常的图像块的梯度空间提取的特征更明显。考虑到从量化方向上生成的 Gabor 特征图中提取 HOG 特征,即提出一个新的特征描述子 GHOG,既可以大大降低特征空间的维数,又可以获得方向梯度特征。所提的 GHOG 特征描述子的构建过程如图 5.1 所示,主要的构建步骤如下:

(1) Gabor 滤波器方向特征图生成及分块。本章选择八个方向、一个尺度,

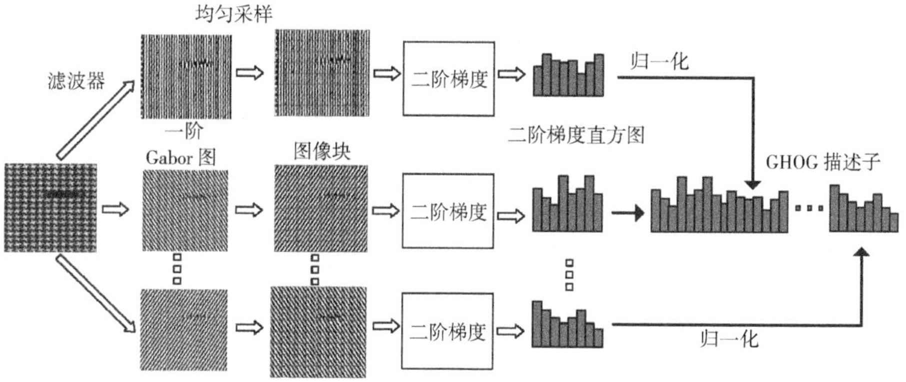

图 5.1　GHOG 构建过程

对模式织物疵点图像提取 Gabor 滤波器特征，从而产生了 8 个 Gabor 方向图，记特征图为 I_{G_o}（其中，o 表示方向，$o=1,2,\cdots,N,N=8$）。

对于生成的 8 个 Gabor 方向特征图，将每个特征图作为接下来提取 HOG 特征的输入，其中每个特征图的大小都与原始图像尺寸一致，我们首先将 8 个特征图等分为 $N_b \times N_b$ 的图像块 $\{I_{G_o}^i\}_{i=1,2,\cdots,K}$，其中，$o$ 表示方向，$o=1,2,\cdots,8$，K 表示分块的数目。在本章的讨论中，我们定义 $N_b=16$。

（2）GHOG 特征生成。首先，对每个图像块 $I_{G_o}^i$ 进行 gamma 校正，可用下式进行描述：

$$H_o(x,y)=(I_{G_o}^i)^{\text{gamma}} \tag{5.1}$$

在本章中，定义 gamma=1/2。

然后，对图像块的所有像素求水平和垂直方向上的梯度：

$$\text{mag}_o(x,y)=\sqrt{\left(\frac{\partial H_o(x,y)}{\partial x}\right)^2+\left(\frac{\partial H_o(x,y)}{\partial y}\right)^2} \tag{5.2}$$

$$\theta_o(x,y)=\arctan\left(\frac{\partial H_o(x,y)}{\partial y}\Big/\frac{\partial H_o(x,y)}{\partial x}\right) \tag{5.3}$$

其中，

$$\frac{\partial H_o(x,y)}{\partial x}=H_o(x+1,y)-H_o(x-1,y) \tag{5.4}$$

$$\frac{\partial H_o(x,y)}{\partial y} = H_o(x,y+1) - H_o(x,y-1) \tag{5.5}$$

然后,将每个方向从 $[-\pi/2,\pi/2]$ 映射到 $[0,2\pi]$,这与 Gabor 方向特征图的数目一致。量化之后,每个方向 θ_o 的元素 n_o 可用下式求出:

$$n_o(x,y) = \mathrm{mod}\left\{\left[\frac{\theta_o(x,y)}{2\pi/N} + \frac{1}{2}\right],N\right\},o = 1,2,\cdots,N \tag{5.6}$$

接下来,方向梯度特征的直方图 h_{oi},通过积累同一量化方向上所有像素的梯度模值 mag_o 来构建,如下式所述:

$$h_{oi}(j) = \sum_{(x,y)\in I^i_{G_o}} f(n_o(x,y) = j) * \mathrm{mag}_o(x,y) \tag{5.7}$$

其中,$j = 0,1,\cdots,N-1; o = 1,2,\cdots,N; i = 1,2,\cdots,K$。

$$f(x) = \begin{cases} 1, & \text{if } x \text{ is true} \\ 0, & \text{otherwise} \end{cases} \tag{5.8}$$

因此,对于每个 Gabor 方向特征图,在此基础上提取的 HOG 特征 h_o 是通过级联所有图像块的方向梯度直方图得到的:

$$h_o = [h_{o1},h_{o2},h_{o3},\cdots,h_{oK}]^{\mathrm{T}} \tag{5.9}$$

最终的 GHOG 特征则由各个方向的特征进行级联,在级联之前先对每个直方图特征 h_o 归一化:

$$\mathrm{GHOG}_K = [\hat{h}_{1K},\hat{h}_{2K},\hat{h}_{3K},\cdots,\hat{h}_{NK}]^{\mathrm{T}} \tag{5.10}$$

我们定义特征矩阵 $\boldsymbol{F}$ 作为最终的 GHOG 描述子,来表示整幅图像的信息:

$$\boldsymbol{F} = [\mathrm{GHOG}_1,\mathrm{GHOG}_2,\cdots,\mathrm{GHOG}_K] \tag{5.11}$$

5.1.2 低秩模型构建

对于上述的特征矩阵 $\boldsymbol{F}$,我们构建有效的低秩分解模型,为了阐述方便,重述前面第三、第四两章的模型公式:

$$(\boldsymbol{L}^*,\boldsymbol{S}^*) = \underset{(L,S)}{\mathrm{argmin}}[\mathrm{rank}(\boldsymbol{L}) + \lambda \|\boldsymbol{S}\|_0]\ s.t.\ \boldsymbol{F} = \boldsymbol{L} + \boldsymbol{S} \tag{5.12}$$

因为对上述公式的求解属于 NP-hard 问题,很难得到全局最优解,因此用下式的凸松弛公式来近似替代：

$$(\boldsymbol{L}^*,\boldsymbol{S}^*) = \underset{(\boldsymbol{L},\boldsymbol{S})}{\operatorname{argmin}}(\|\boldsymbol{L}\|_* + \lambda\|\boldsymbol{S}\|_1)\ s.t.\ \boldsymbol{F} = \boldsymbol{L} + \boldsymbol{S} \tag{5.13}$$

式中：$\boldsymbol{L}$ 为低秩部分，代表背景纹理信息；$\boldsymbol{S}$ 为稀疏部分，代表疵点信息。$\|\cdot\|_*$ 表示矩阵的核范数，$\|\cdot\|_1$ 表示矩阵的 ℓ_1 范数，λ 为控制低秩度和稀疏度的平衡因子。

虽然对于公式(5.13)中目标函数的第一项，用核范数来替代秩函数，尽管可以很正确地分解出低秩矩阵 $\boldsymbol{L}$，但是由于核范数的求解利用的是矩阵的完全奇异值分解，需经过多次迭代更新，势必造成计算复杂度高。本章引入一个非凸光滑的函数来替代秩函数，以提升计算效率。

对于一个半正定的对称矩阵 $\boldsymbol{X} \in \boldsymbol{R}^{n\times n}$，秩函数可以通过下式的非凸平滑函数来近似替代[64]：

$$E(\boldsymbol{X},\xi) = \operatorname{logdet}(\boldsymbol{X} + \xi\boldsymbol{I}) \tag{5.14}$$

式中，ξ 是一个大于 0 的常数。$E(\boldsymbol{X},\xi)$ 近似表示为矩阵奇异值的对数和，因此，它是非凸且光滑的。由图 5.2 所示，所引入的非凸平滑函数 $E(\boldsymbol{X},\xi)$ 比核范数更接近秩函数，因此也更加能够近似替代秩函数。

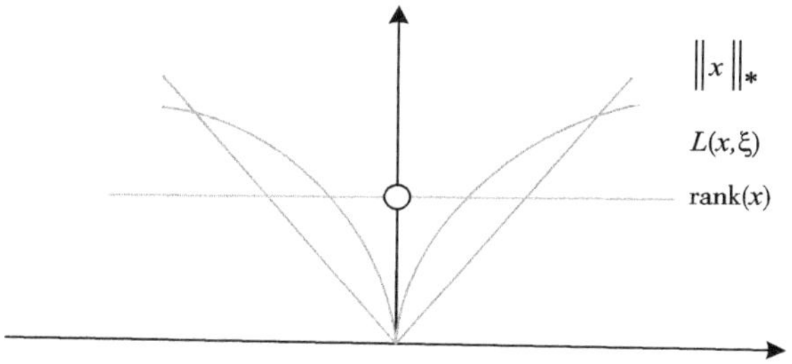

图 5.2　同一标量下的 $L(x,\xi)$，rank(x)，$\|x\|_*$ 的比较

对于低秩矩阵 $\boldsymbol{L}$，式(5.14)可以重写为：

$$\begin{aligned} L(\boldsymbol{L},\xi) &= \operatorname{logdet}((\boldsymbol{L}\boldsymbol{L}^{\mathrm{T}})\ 1/2 + \xi\boldsymbol{I}) \\ &= \operatorname{logdet}(\boldsymbol{U}\boldsymbol{\Sigma}^{1/2}\boldsymbol{U}^{-1} + \xi\boldsymbol{I}) \\ &= \operatorname{logdet}(\boldsymbol{\Sigma}^{1/2} + \xi\boldsymbol{I}) \end{aligned} \tag{5.15}$$

其中，Σ 为一个对角矩阵，其主对角线上的元素为矩阵 $\boldsymbol{LL}^{\mathrm{T}}$ 的特征值，换句话说，$\boldsymbol{LL}^{\mathrm{T}}=\boldsymbol{U\Sigma U}^{-1}$。同理，$\Sigma^{1/2}$ 也是一个对角矩阵，它的主对角线上的元素为矩阵 $\boldsymbol{L}$ 的奇异值。因此，通过设置 $\boldsymbol{X}=(\boldsymbol{LL}^{\mathrm{T}})^{1/2}$，$L(\boldsymbol{L},\xi)$ 则是秩函数 $\mathrm{rank}(\boldsymbol{L})$ 的 logdet(·) 替代。那么，式(5.13)可以重写为：

$$(\boldsymbol{L}^*,\boldsymbol{S}^*)=\underset{(\boldsymbol{L},\boldsymbol{S})}{\operatorname{argmin}}(L(\boldsymbol{L},\xi)+\lambda\|\boldsymbol{S}\|_1)\ s.t.\ \boldsymbol{F}=\boldsymbol{L}+\boldsymbol{S} \tag{5.16}$$

5.1.3 模型的优化求解

对于凸优化模型式(5.16)，本章采用前文提到的 ADM 法对模型进行优化求解。

式(5.16)的拉格朗日函数为：

$$L(\boldsymbol{L},\boldsymbol{S},\boldsymbol{Z})=L(\boldsymbol{L},\xi)+\lambda\|\boldsymbol{S}\|_1+\frac{\beta}{2}\|\boldsymbol{L}+\boldsymbol{S}-\boldsymbol{F}\|_F^2-\langle\boldsymbol{Z},\boldsymbol{L}+\boldsymbol{S}-\boldsymbol{F}\rangle \tag{5.17}$$

式中：$\boldsymbol{Z}\in\boldsymbol{R}^{m\times n}$ 为拉格朗日乘子；β 为惩罚因子。

通过对矩阵 $\boldsymbol{L}$、$\boldsymbol{S}$ 和乘子矩阵 $\boldsymbol{Z}$ 交替更新使目标函数最小化。可以描述为求解以下子问题：

$$\begin{cases}\boldsymbol{L}^{(k+1)}=\underset{\boldsymbol{L}}{\operatorname{argmin}}\mathcal{H}[\boldsymbol{L},\boldsymbol{S}^{(k)},\boldsymbol{Z}^{(k)};\beta]\\ \boldsymbol{S}^{(k+1)}=\underset{\boldsymbol{S}}{\operatorname{argmin}}\mathcal{H}[\boldsymbol{L}^{(k+1)},\boldsymbol{S},\boldsymbol{Z}^{(k)};\beta]\\ \boldsymbol{Z}^{(k+1)}=\boldsymbol{Z}^{(k)}-\beta[\boldsymbol{L}^{(k+1)}+\boldsymbol{S}^{(k+1)}-\boldsymbol{F}]\end{cases} \tag{5.18}$$

对于第一个子问题，通过固定 $\boldsymbol{S}$ 和 $\boldsymbol{Z}$ 更新 $\boldsymbol{L}$，该问题可以得到以下明确解：

$$\boldsymbol{L}^*=\underset{\boldsymbol{L}}{\operatorname{argmin}}\sum_{j=1}^{n_0}\log(\sigma_j(\boldsymbol{L})+\xi)+\frac{\beta}{2}\|\boldsymbol{L}+\boldsymbol{S}-\boldsymbol{F}\|_F^2-\langle\boldsymbol{Z},\boldsymbol{L}+\boldsymbol{S}-\boldsymbol{F}\rangle \tag{5.19}$$

式中：$n_0=\min\{m,n\}$，$\sigma_j(\boldsymbol{L})$ 为矩阵 $\boldsymbol{L}$ 的第 j 个奇异值。为了简化，我们用 σ_j 来表示 $\sigma_j(\boldsymbol{L})$。尽管 $\sum_{j=1}^{n}\log(\sigma_j+\xi)$ 是非凸的，但我们也可以通过局部最优化的方法对其进行求解。我们定义等式 $h(\sigma)=\sum_{j=1}^{n}\log(\sigma_j+\xi)$，则 $h(\sigma)$ 可以近似为它的一阶泰勒展开式为：

$$h(\sigma)=h(\sigma^{(k)})+\langle\nabla h(\sigma^{(k)}),\sigma-\sigma^{(k)}\rangle \tag{5.20}$$

式中：$\sigma^{(k)}$ 为第 k 次迭代得到的解。因此，式(5.19)可以通过迭代优化求解得到：

$$\boldsymbol{L}^{(k+1)} = \underset{\boldsymbol{L}}{\operatorname{argmin}} \frac{\beta}{2} \left\| \boldsymbol{L} + \boldsymbol{S} - \boldsymbol{F} - \frac{\boldsymbol{Z}}{\beta} \right\|_F^2 + \sum_{j=1}^{n_0} \frac{\sigma_j}{\sigma_j^{(k)} + \xi} \tag{5.21}$$

式中，用到了 $\nabla h[\sigma^{(k)}] = \sum_{j=1}^{n_0} \frac{1}{\sigma_j^{(k)} + \xi}$ 这个事实，而略去了式(5.19)的约束项。

为了便于收敛，将式(5.21)重新写为：

$$\boldsymbol{L}^{(k+1)} = \underset{\boldsymbol{L}}{\operatorname{argmin}} \frac{1}{2} \left\| \boldsymbol{L} + \boldsymbol{S} - \boldsymbol{F} - \frac{\boldsymbol{Z}}{\beta} \right\|_F^2 + \tau\varphi(\boldsymbol{L}, \boldsymbol{\omega}^{(k)}) \tag{5.22}$$

其中，$\tau = 1/\beta$。$\varphi(\boldsymbol{L}, \boldsymbol{\omega}) = \sum_j^{n_0} \omega_j^{(k)} \sigma_j$ 表示一个权值核范数，它的权值为 $\omega_j^{(k)} = 1/(\sigma_j^{(k)} + \xi)$。注意，因为奇异值 σ_j 是按从大到小顺序排列的，所以权值 ω_j 是逐渐上升的。

一般地，对于一个实矩阵，只有在权值下降时权值核范数才是凸函数，式(5.22)才能通过加权奇异值阈值操作方法获得最优解，被称为近端操作。但是，本章中的权值是上升的，因此式(5.22)是非凸的，所以很难得到全局最优解。然而，我们可以通过**定理 5.1** 利用加权奇异值阈值操作得到式(**5.22**)的一个最优解。

定理 5.1(加权核范数的近端操作)：对于任意的 $\boldsymbol{X} \in \boldsymbol{C}^{n\times m}$ 和 $0 \leqslant \omega_1 \leqslant \cdots \leqslant \omega_{n_0}$，$n_0 = \min\{m, n\}$，则若对以下的优化问题：

$$\min_{\boldsymbol{L}} \frac{1}{2} \| \boldsymbol{X} - \boldsymbol{L} \|_F^2 + \tau\varphi(\boldsymbol{L}, \boldsymbol{\omega}) \tag{5.23}$$

该优化问题的一个最小值就可以通过加权奇异值阈值操作：

$$S_{\omega,\tau}(\boldsymbol{X}) := \boldsymbol{U}[\boldsymbol{\Sigma} - \tau \operatorname{diag}(\boldsymbol{\omega})]_+ \boldsymbol{V}^{\mathrm{T}} \tag{5.24}$$

其中 $\boldsymbol{U\Sigma V}^{\mathrm{T}}$ 是矩阵 $\boldsymbol{X}$ 的奇异值分解，$(x)_+ = \max\{x, 0\}$。

根据**定理 5.1**，可以获得低秩矩阵 $\boldsymbol{L}$ 的第 $k+1$ 次迭代形式：

$$\boldsymbol{L}^{(k+1)} = \boldsymbol{U}\left\{\tilde{\sum} - \tau \operatorname{diag}[\boldsymbol{\omega}^{(k)}]\right\}_+ \boldsymbol{V}^{\mathrm{T}} \tag{5.25}$$

其中，$\boldsymbol{U}\tilde{\boldsymbol{\Sigma}}\boldsymbol{V}^{\mathrm{T}}$ 是特征矩阵 $\boldsymbol{F}$ 的奇异值分解，$\omega_j^{(k)} = 1/(\sigma_j^{(k)} + \varepsilon)$。即使加权阈值

只是一个局部最小值，但它往往也会导致目标函数值下降。在本章试验中，定义权值 ω 的初始值为 $\omega^{(0)} = [1,1,\cdots,1]^{T}$。

求得低秩矩阵 $\boldsymbol{L}$ 后，我们可以通过固定 $\boldsymbol{L}$ 和 $\boldsymbol{Z}$ 来更新稀疏矩阵 $\boldsymbol{S}$。实际上，可以利用应用广泛的收缩算法就可以很容易地对其进行求解[68]：

$$\boldsymbol{S}^{(k+1)} = \frac{1}{\beta}\boldsymbol{Z}^{(k)} - \boldsymbol{L}^{(k)} + \boldsymbol{F} - P_{\Omega_{\infty}^{\gamma/\beta}}\left[\frac{1}{\beta}\boldsymbol{Z}^{(k)} - \boldsymbol{L}^{(k)} + \boldsymbol{F}\right] \tag{5.26}$$

其中，$P_{\Omega_{\infty}^{\gamma/\beta}}$ 表示在 $\Omega_{\infty}^{\gamma/\beta}$ 上的欧式投影：

$$\Omega_{\infty}^{\gamma} = \{\boldsymbol{X} \in \boldsymbol{R}^{n\times n} \mid -\gamma/\beta \leqslant \boldsymbol{X}_{ij} \leqslant \gamma/\beta\} \tag{5.27}$$

最后，更新乘子矩阵 $\boldsymbol{Z}$：

$$\boldsymbol{Z}^{(k+1)} = \boldsymbol{Z}^{(k)} - \beta(\boldsymbol{L}^{(k+1)} + \boldsymbol{S}^{(k+1)} - \boldsymbol{F}) \tag{5.28}$$

5.1.4 疵点分布图生成及分割

通过前面提到的方法，将特征矩阵 $\boldsymbol{F}$ 分解成低秩矩阵和稀疏矩阵，低秩矩阵对应于模式织物图像的背景信息，稀疏矩阵对应于疵点信息。然后，通过稀疏矩阵 $\boldsymbol{S}$ 生成一幅疵点分布图，具体描述如下：

$$\boldsymbol{M}(\boldsymbol{I}_i) = \|\boldsymbol{S}_i\|_1 \tag{5.29}$$

$\boldsymbol{M}(\boldsymbol{I}_i)$ 的值越大，表示图像块 $\boldsymbol{I}_i$ 是疵点区域的可能性越大。

接下来，对疵点分布图 $\boldsymbol{M}$ 降噪生成一幅新的疵点分布图 $\hat{\boldsymbol{M}}$：

$$\hat{\boldsymbol{M}} = g * (\boldsymbol{M} \circ \boldsymbol{M}) \tag{5.30}$$

式中，g 表示圆形平滑滤波器，$\circ$表示 Hadamard 内积操作，$*$ 为卷积操作。

然后，将疵点分布图 $\hat{\boldsymbol{M}}$ 转换成一幅灰度图像 $\boldsymbol{G}$：

$$\boldsymbol{G} = \frac{\hat{\boldsymbol{M}} - \min(\hat{\boldsymbol{M}})}{\max(\hat{\boldsymbol{M}}) - \min(\hat{\boldsymbol{M}})} \times 255 \tag{5.31}$$

最后利用最优阈值分割算法对 $\boldsymbol{G}$ 进行分割，从而疵点的位置和区域进行定位。

5.2　实验结果与分析

为了验证所提算法的有效性，利用模式织物疵点数据集，数据集中所有图片大小均为 256pixel×256pixel，该模式织物数据集来自香港大学电气电子工程学院工业自动化研究实验室。这些织物图片包含三类模式：点型（Dot-patterned）、盒子型（Box-patterned）和星型（Star-patterned）。其中点型的模式织物图像包含 110 幅正常图像和 120 幅疵点图像；盒子型的模式织物疵点图像包含 30 幅正常图像和 26 幅疵点图像；星型的模式织物疵点图像包含 25 幅正常图像和 25 幅疵点图像。所有的疵点图像都有对应的地面实况图（即 Ground truth images，GT 图：用于有监督训练的训练集的分类准确的图像），其中正常的背景区域表示为黑色，疵点区域表示为白色。本章所有的实验均在 Inter（R） Core（TM） i3. 2120 3. 3GHZCPU 的电脑环境中，Matlab2011a 软件上进行。

5.2.1　定性的结果

被测模式织物图像矩阵通过低秩分解模型分成两部分，即低秩部分和稀疏部分。其中，疵点分布图由产生的稀疏矩阵生成，从而突出疵点区域的位置。最终利用阈值分割算法得到最终的结果，从而定位出疵点的位置和区域。

在织物的疵点检测中，特征提取和检测模型的选择占据着同样重要的位置。为了验证所提算法的有效性，首先对于提取不同的特征采用同一模型和提取同样的特征采用不同的模型时的疵点分布图进行比较，具体如图 5. 3～图 5. 5 所示。图 5. 3、图 5. 4 分别表示在不同特征和不同模型下星型、盒子型和点型模式织物生成的疵点分布图对比。其中第一列为原始图像，第二列为结合 Gabor 特征和低秩分解生成的疵点分布图，第三列为结合 HOG 特征和低秩分解生成的疵点分布图，第四列为结合 GHOG 特征和模板匹配模型（Template matching model，TMM）[18]生成的疵点分布图，第五列为结合 GHOG 特征和上下文分析模型(Context analysis model, CAM)[19]生成的疵点分布图,最后一列为所提算法生成的疵点分布图。由图5.3的第二、第三两列可以看到结合Gabor滤波器特征、HOG特征和低秩分解模型生成的疵点分布图,对于星型和盒子型的模式织物,并不能突出疵点的位置,但对于点型的模式织物,可以很好地突出疵点的位置和区域。另外,由图5.3的第四、第五列可以看到结合GHOG和TMM、CAM生成的疵点分布图,对于三种模式的织物都不能突出疵点的位置。而由图5.3~图5.5的最后一列可以看到所提的算法对于三种模式的织物都可以很好地突出疵点的位置和区域。这些方法的性能总结在表5.1中。

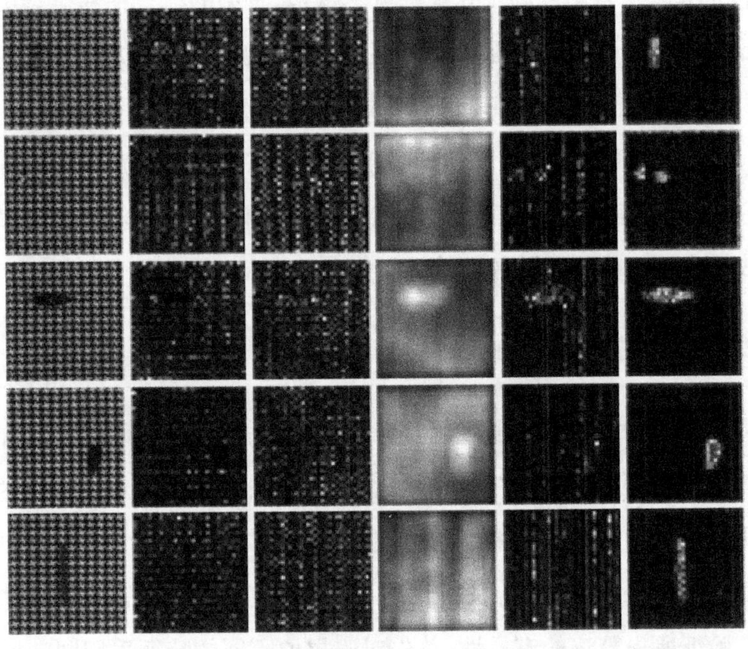

图5.3 不同特征和不同模型下星型模式织物生成的疵点分布图对比

表5.1 不同方法的比较

方法	Gabor+LR	HOG+LR	GHOG+TMM	GHOG+CAM	Ours
星型	×	×	×	×	√
盒子型	×	×	×	×	√
点型	√	√	×	×	√

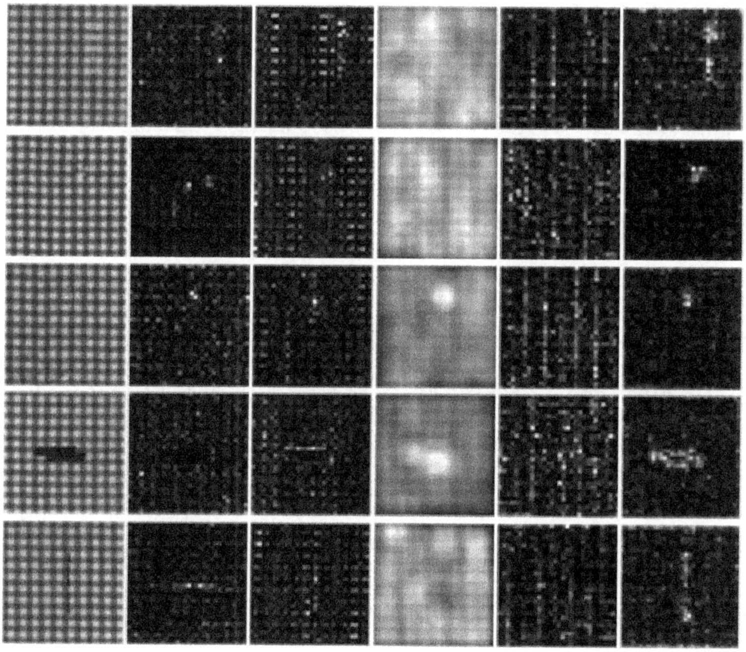

图 5.4　不同特征和不同模型下盒子型模式织物生成的疵点分布图对比

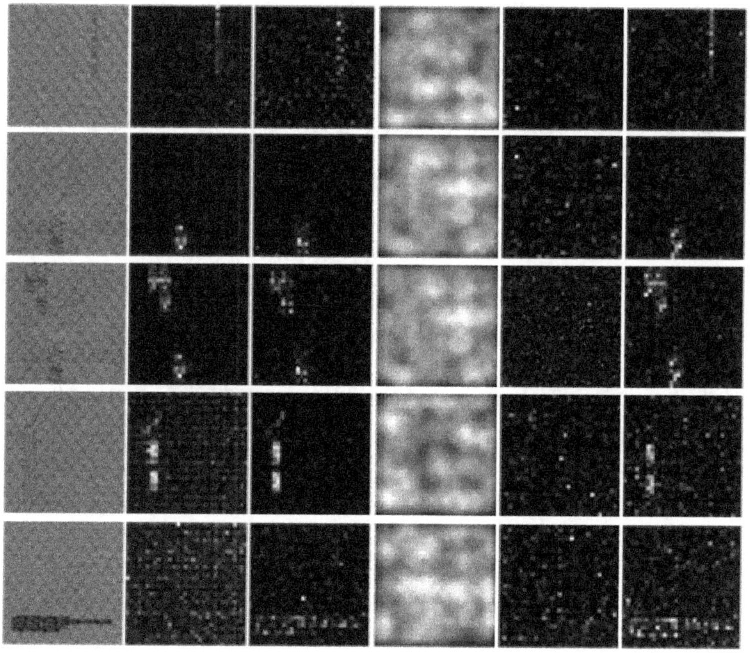

图 5.5　不同特征和不同模型点型模式织物生成的疵点分布图对比

由图 5.3~图 5.5 和表 5.1 可以看出,所提的基于 GHOG 和低秩分解的织物疵点算法很适用于模式织物疵点检测。

另外,将所提算法与其他织物疵点检测的方法进行对比,包括:小波变换方法(WT)[65]、先验指导下的最小二次回归的方法(PGLSR)[40]、纹理差异视觉显著方法(TDVSM)[18]和局部统计特征与整体显著性分析方法(LSF—GSA)[20]等。

从图 5.6~图 5.8 可以看出,基于 WT 的方法首先将图像转换到频域,然后通过分析小波系数生成疵点分布图。然而,即使对于有复杂模式的正常背景,小波系数也会很大,因此,会导致错误的检测结果。基于 PGLSR 的方法虽然对大多数的模式织物疵点图像检测很有效,但是对于疵点和背景纹理相似时,将会导致检测出的疵点不完整。基于 TDVSM 的方法,通过将纹理特征与它们的平均值进行对比计算显著度,这种方法对于背景纹理简单的平纹或斜纹疵点图像的检测很成功,但是对于模式织物疵点检测却不是很适合,尤其对于盒子型模式织物,几乎完全无效。基于 LSF-GSA 的方法局部统计特征和整体显著分析,这种方法存在大量的噪声。而由笔者所提的算法结合 GHOG 和低秩分解的算法,生成相应的疵点分布图,能够很好地突出疵点的位置。再利用阈值分割算法对疵点分布图进行分割,从而对疵点区域进行定位。

为了进一步验证所提算法的有效性,笔者将最终的分割结果与其他检测算法进行对比,具体可详见图 5.9~图 5.11。图 5.9~图 5.11 分别表示对于星型、盒子型和点型模式织物,不同检测模型检测结果的对比。由图 5.6~图 5.8 可以看出,基于 WT 的方法基本上对于模式织物疵点检测无效,所以只对其他三种方法进行对比。在图 5.9~图 5.11 中,其中第一列为原始图像,第二列为基于 TDVSM 的方法,第三列为基于 PGLSR 的方法,第四列为基于 LSF—GSA 的方法,第五列为所提算法的检测结果,第六列为 GT 图。由图 5.9~图 5.11 可以看出其他几种方法检测出来的形状与 GT 图的不一致,而由笔者方法获得的检测结果,能准确地定位出疵点的位置和区域。

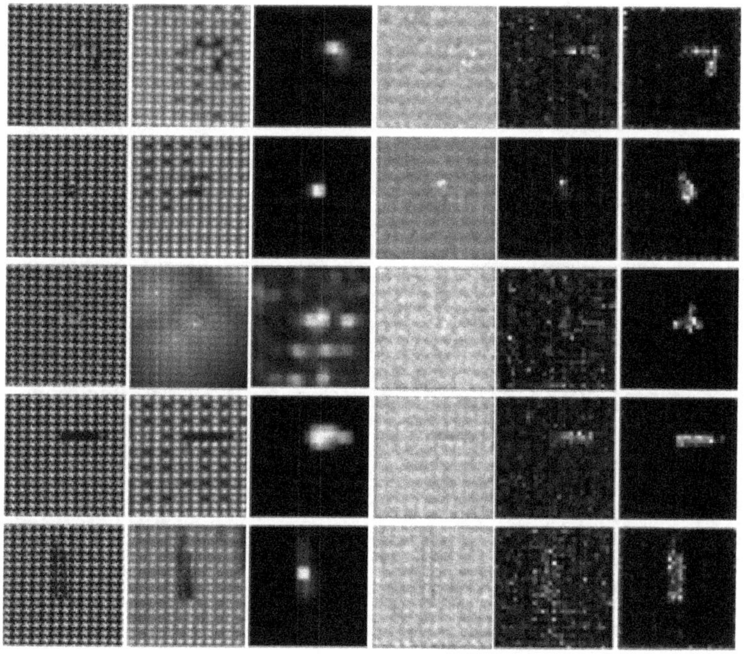

图 5.6　不同检测模型生成的疵点分布图对比(星型模式织物)

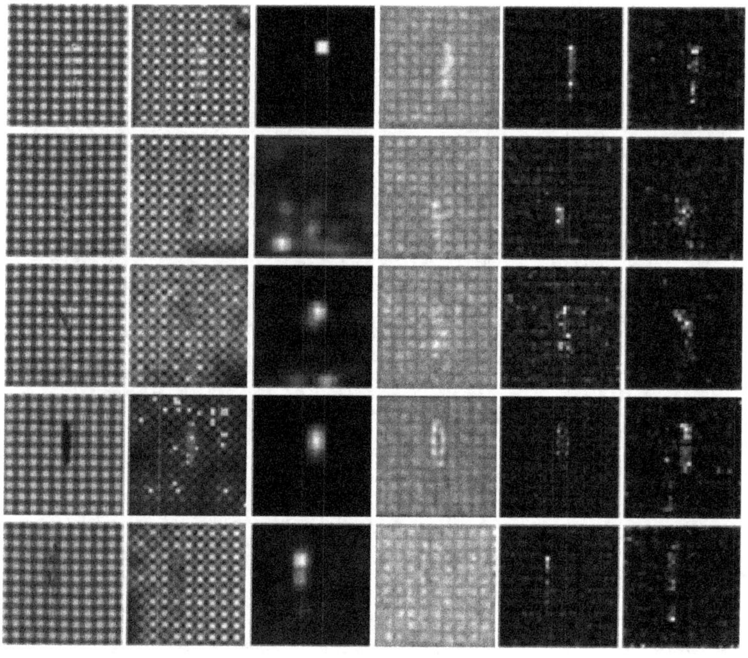

图 5.7　不同检测模型生成的疵点分布图对比(盒子型模式织物)

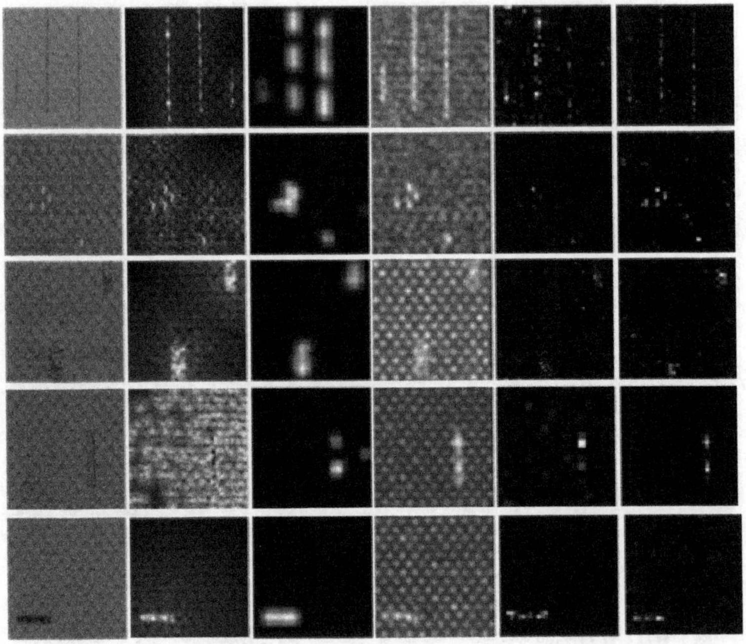

图 5.8　不同检测模型生成的疵点分布图对比(点型模式织物)

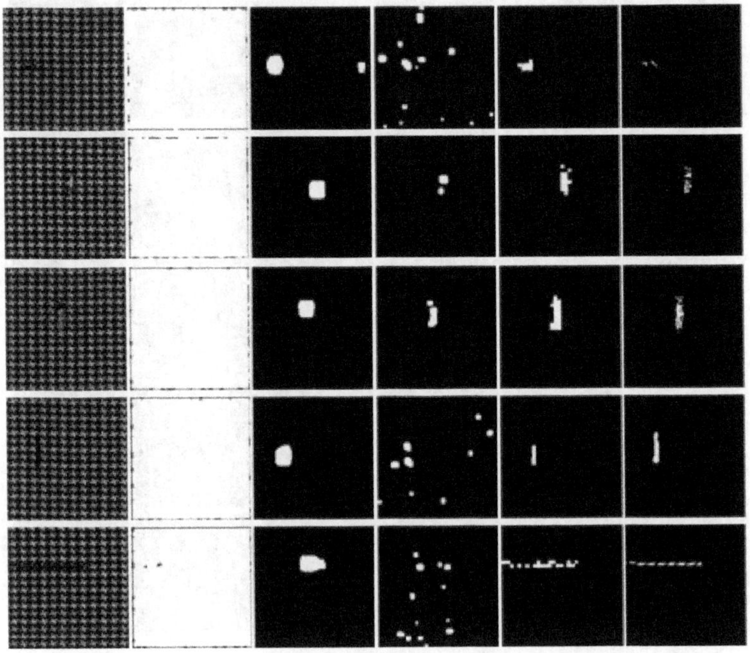

图 5.9　不同检测模型检测结果对比(星型模式织物)

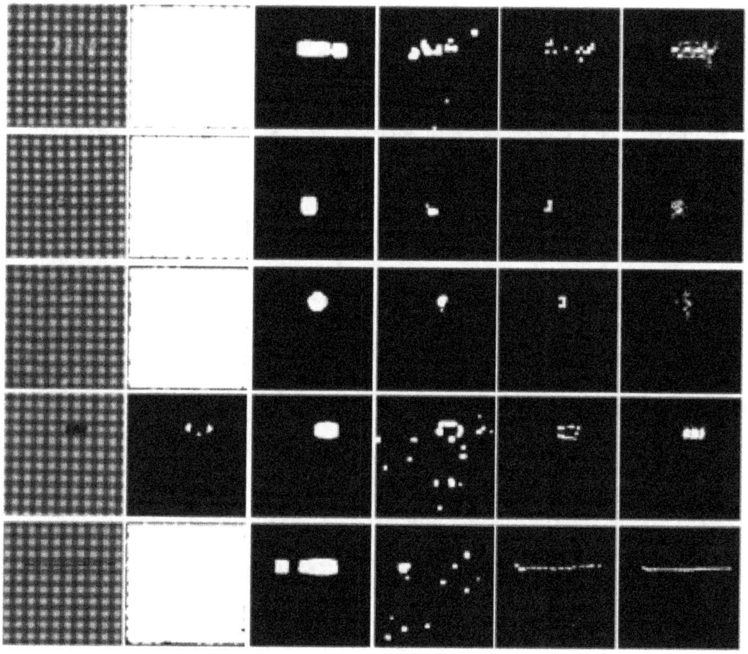

图 5.10　不同检测模型检测结果对比(盒子型模式织物)

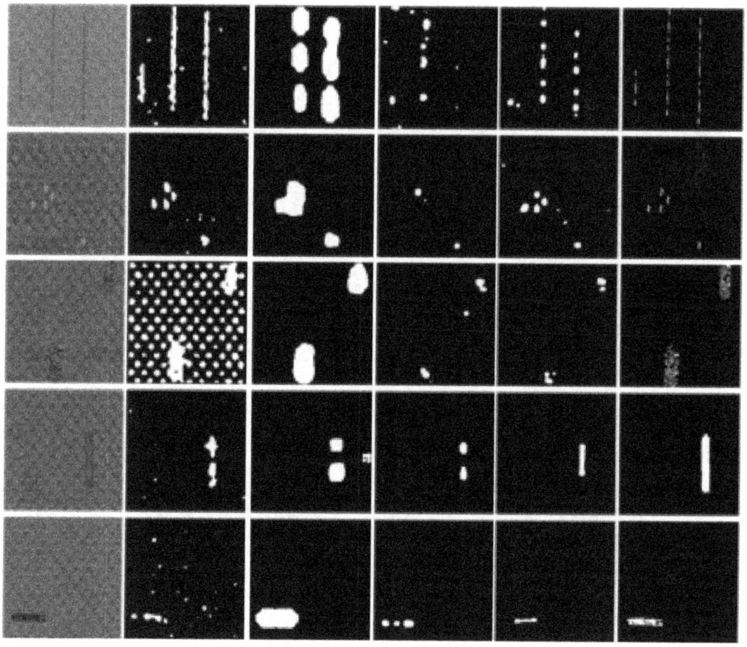

图 5.11　不同检测模型检测结果对比(盒子型模式织物)

5.2.2 定量的结果

为了更进一步评估所提算法的检测性能，笔者引入接受者操作特性曲线(Receiver operating characteristic curve, ROC)进行评估，如图 5.12 所示。其中，图 5.12(a)是星型模式织物的 ROC 曲线，图 5.12(b)是盒子型模式织物的 ROC 曲线，图 5.12(c)是点型模式织物的 ROC 曲线。由图 5.12(a)、(b)可以看出，所提算法在星型、盒子型模式织物中的疵点检测优于其他几种方法。然而，对于点型的模式织物中的疵点检测却不是十分令人满意，如图 5.12(c)所示。笔者所提的 GHOG 特征，是一种方向感知的描述子。而点型模式织物纹理的方向性不是很明显，因此，GHOG 特征不太适合点型模式织物的疵点检测。

另外，我们还用到第三章中提到的一些统计参数：真正类、假正类、真负类、假负类等[66]。基于这些参数，可以得到一些测量指标，如准确率(Precision)和召回率(Recall)：

$$\text{precision} = \frac{\text{TP}}{\text{TP} + \text{FP}} \tag{5.32}$$

$$\text{recall} = \frac{\text{TP}}{\text{TP} + \text{FN}} \tag{5.33}$$

如图 5.13 所示，所提算法相较其他方法有最高的召回率并且对于精确度有很好的平衡度。图 5.14 中，利用准确率和召回率，得到 F-measure。

$$\text{F - measure} = 2\,\frac{\text{precision} \cdot \text{recall}}{\text{precision} + \text{recall}} \tag{5.34}$$

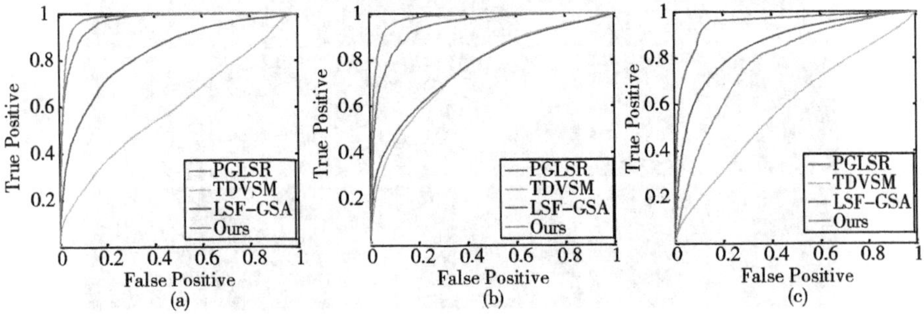

图 5.12 不同方法的 ROC 曲线对比

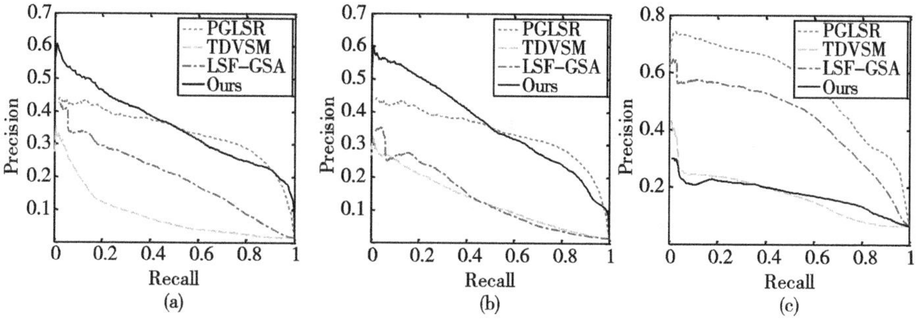

图 5.13　不同方法的 PR 曲线对比

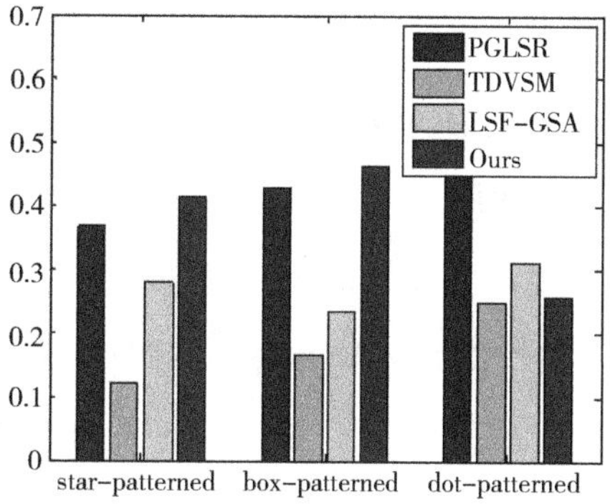

图 5.14　不同方法的 F-measure 对比

5.3　本章小结

本章结合 Gabor 滤波器特征和 HOG 特征，并针对模式织物的纹理特性，提出了一种新的方向感知的特征描述子 GHOG，并联合低秩分解模型，提出一种基于 GHOG 和低秩分解的模式织物疵点检测算法。通过大量实验及与其他疵点检测算法定性和定量的对比结果显示，笔者的算法对于包括星型、盒子型、点型三种模式织物疵点检测的有效性和鲁棒性进行评测。其中，所提算法对前两种模式织物的效果很好，但是由于点型模式织物纹理的方向性不明显，故所提算法对于点型模式织物的检测效果性能一般。

第6章　基于生物建模特征提取及低秩表示的织物疵点检测算法

基于 Gabor 滤波器、HOG 特征和低秩分解模型相结合的织物疵点检测算法,大多用于背景纹理简单的平纹或斜纹织物中(图 1.1 第一行和第二行)。然后,针对模式织物的方向性感知的特点,结合 Gabor 和 HOG,提出一种新的被称作 GHOG 的特征描述子,并构建低秩分解模型,提出针对模式织物的疵点检测算法,这种算法虽然能够对模式织物的疵点图像检测有效,但是毕竟模式织物相较背景简单的平纹或斜纹织物数量有限,且该算法只是对方向性明显的星型、盒子型模式织物效果很好,而对于方向性不强的点型模式织物检测效果一般。

因此,为了使织物疵点检测方法更具自适应性,笔者在本章提出一种基于生物建模特征提取及低秩表示的织物疵点检测算法。笔者将“基于灵长类视网膜神经节细胞编码的图像特征提取方法[69]”应用于织物图像的纹理表征,然后利用 K 均值奇异值分解(K-means Singular Value Decomposition, KSVD)在测试图像上训练出正常的织物图像块字典。根据学习出的字典,构建特征矩阵的低秩表示模型,并利用 ADMM 方法[60]对模型进行优化求解,从而提高算法的检测效果。该算法的提出,不仅适用于背景简单的平纹或斜纹织物疵点图像的检测,而且对背景纹理复杂的模式织物疵点图像也能取得不错的检测效果。

所提算法大致分为以下几个部分:特征提取,低秩表示模型构建,模型的优化求解,疵点分布图生成及分割。

6.1　基于生物视觉的图像特征提取方法

在图像表征方法上,人类视觉对客观世界的表征是完备的,能支持各种复杂的高级视觉任务。随着研究设备的革新和研究手段的升级,对人类视觉的研究取得了很大的进展,尤其是对宏观方面的视觉通路和微观方面的视网膜、初级视觉皮层等表征机理的研究,充分显示了借助人类视觉处理机制的特性可以有效地提升图像纹理表征,这些成果对研究织物图像表征具有良好的借鉴意义。

从人类视觉系统的信息处理机制和相应的生理学结构来看,来自视网膜的初级视觉皮层表征为后面的鲁棒性特征提取提供了有效的编码。作为视网膜最后一层的神经节细胞(Ganglion cells, GCs),产生了视网膜最终的编码,而前面的细胞就是为形成神经节细胞的感受野而存在。根据神经节细胞和其感受野之间的神经电路以及神经节细胞的电生理特性,研究人员认为神经节细胞不仅为后面的细胞检测边缘提供前期处理,而且为视觉世界中的抽样提供了准确有效的手段。为此,相关研究成员在先前的工作中提出一个具有高可区分性、高效率以及高鲁棒性的图像表征描述子(Distinctive efficient robust features,DERF)。

所提的 DERF 描述子(具体描述过程总结为**算法 6.1**),是在先计算高斯差分卷积方向梯度图(Difference of guassion convolved gradient orientation maps)的基础上进行抽样获得。我们先计算 H (8)方向的梯度方向图:

$$G_o = \left(\frac{\partial I}{\partial o}\right)^+, 1 \leqslant o \leqslant H \tag{6.1}$$

式中:I 为输入图像;o 为求导的方向,$(\cdot)^+$ 为一个非负算子,即 $(a)^+ = \max(a, 0)$。当获得相应的梯度方向图 $G_o, 1 \leqslant o \leqslant H$ 以后,将不同尺度的高斯核与每个梯度方向图与进行卷积 $S+1$ 次,进而得到高斯卷积方向图:

$$G_o^{\Sigma} = G_{\Sigma} * \left(\frac{\partial I}{\partial o}\right)^+ \tag{6.2}$$

式中：G_{Σ} 为尺度为 Σ 的高斯核。不同的 Σ_s 对应于卷积区域不同的尺寸。最后，对每个高斯卷积方向图，用前面的减去后边的来获得最终的 $D \circ G$ 卷积梯度方向图：

$$D_o^{\Sigma_1} = G_o^{\Sigma_1} - G_o^{\Sigma_2} \text{ with} \Sigma_2 > \Sigma_1 \tag{6.3}$$

同理，一个较大的卷积核也可以通过几个连续的小的卷积核得到，即：

$$\begin{aligned} D_o^{\Sigma_1} &= G_o^{\Sigma_1} - G_o^{\Sigma_2} = G_o^{\Sigma_1} - G_{\Sigma_2} * \left(\frac{\partial I}{\partial o}\right)^+ \\ &= G_o^{\Sigma_1} - G_{\Sigma} * G_{\Sigma_1} * \left(\frac{\partial I}{\partial o}\right)^+ = G_o^{\Sigma_1} - G_{\Sigma} * G_o^{\Sigma_1} \\ \Sigma_2 &> \Sigma_1, \Sigma = \sqrt{\Sigma_2^2 - \Sigma_1^2} \end{aligned} \tag{6.4}$$

当获得这些 $D \circ G$ 卷积梯度方向图之后，笔者通过对这些图进行采样组装成 DERF 算子。模仿视网膜上范围 0~15°的离心度上 P 型神经节细胞感受野的结构分布，这些抽样点会均匀分布在一些同心圆上。这些同心圆的半径从内向外依次呈指数比例增长，所用的 $D \circ G$ 的卷积核的尺度从内向外也按指数比例增长。在本章节讨论中，从 $S(S=5)$ 个尺度和 $T(T=8)$ 个方向上提取 DERF 特征，即选取 5 个同心圆，每一个圆环上选取 8 个抽样点。

笔者所提出的 DERF 描述子，是由 $D \circ G$ 卷积梯度方向图中相应尺度的所有采样点对应的值组成的。这些采样点在所选取的以兴趣点为中心的同心圆上均匀分布。抽样点的 $D \circ G$ 滤波尺度与抽样点所在同心圆的半径成正比，即 $\sigma_i = \eta \cdot r_i$，令 $\boldsymbol{h}_{\Sigma}(\xi_0, \nu_0)$ 表示在具有尺度 Σ 的 $D \circ G$ 卷积梯度方向图中位置 (ξ_0, ν_0) 处的值组成的向量。

$$\boldsymbol{h}_{\Sigma}(\xi_0, \nu_0) = [D_1^{\Sigma}(\xi_0, \nu_0), D_2^{\Sigma}(\xi_0, \nu_0), \cdots, D_i^{\Sigma}(\xi_0, \nu_0), \cdots, D_H^{\Sigma}(\xi_0, \nu_0)] \tag{6.5}$$

式中：D_i^{Σ} 为在同一尺度下不同方向的 $D \circ G$ 卷积梯度方向图。令 S 表示层的数目，T 表示每个环上的抽样点的个数，则以 (ξ_0, ν_0) 为中心的整个特征向量可以表示为所有 $\boldsymbol{h}$ 向量的级联。

$$D(\xi_0,\nu_0)=\begin{bmatrix} h_{\Sigma_1}(\xi_0,\nu_0) \\ h_{\Sigma_1}[l_1(\xi_0,\nu_0,R_1)],\cdots,h_{\Sigma_1}[l_T(\xi_0,\nu_0,R_1)] \\ h_{\Sigma_2}[l_1(\xi_0,\nu_0,R_2)],\cdots,h_{\Sigma_2}[l_T(\xi_0,\nu_0,R_2)] \\ \vdots \\ h_{\Sigma_S}[l_1(\xi_0,\nu_0,R_S)],\cdots,h_{\Sigma_S}[l_T(\xi_0,\nu_0,R_S)] \end{bmatrix}^{\mathrm{T}} \tag{6.6}$$

式中：$l_i(\xi_0,\nu_0,R)$ 为 i 方向上离心点 (ξ_0,ν_0) 距离为 R 的点。

由于所选取的抽样点结构和对应的卷积核($D\circ G$)都是圆对称的，使得所提出的特征描述子对于旋转问题很鲁棒，因此，在计算旋转方向上的其他描述子时，不再需要重新计算其梯度方向图和相应的 $D\circ G$ 卷积梯度方向图，只需将抽样点的结构旋转到该方向上，然后，对新抽样点的 $h_\Sigma(\xi_i,\nu_i)$ 向量中的每个分量按照旋转方向进行线性插值即可得到新方向上的 h 向量。

算法 6.1　基于生物视觉建模的图像描述子 DERF

输入：以某一特定的兴趣点为中心所提取的图像块

(1)构造抽样点的模板：采用 $S(5)$ 个同心圆，它们的半径从内向外按指数比例增长，每个圆上设置 $T(8)$ 个抽样点，每个抽样点对应一个 $D\circ G$ 卷积核，同一个圆上的所有抽样点均具有相同的 $D\circ G$ 尺度，第 i 个圆上的 $D\circ G$ 尺度为 $\sigma_i=\eta\cdot r_i$。

(2)获取高斯核的卷积尺度：利用两个高斯滤波的差来实现 $D\circ G$ 滤波，因为采用了 $S(5)$ 个 $D\circ G$ 尺度，故总共需要选择 $S+1$ 个高斯尺度。

(3)计算 $H(8)$ 个方向的梯度方向图，$G_o=\left(\frac{\partial I}{\partial o}\right)^+,1\leqslant o\leqslant H$。

(4)计算 $D\circ G$ 卷积的梯度方向图：针对每一幅梯度方向图，分别执行 $S+1$ 次高斯滤波，令相邻两个高斯滤波中的前者减去后者得到 S 个尺度的 $D\circ G$ 滤波，然后根据每幅 $D\circ G$ 卷积梯度方向图的尺度，对其执行一个小尺度的高斯平

滑。这样总共有 $H*S$ 幅 $D\circ G$ 卷积的梯度方向图。

(5)组装特征向量:根据每个抽样点的尺度,在该尺度上经过 $D\circ G$ 卷积后共 H 个方向的梯度方向图中抽取该抽样点位置处的像素值,形成一个 H 维的子特征向量,将所有子特征向量进行组装,生成最终的总特征向量。

输出:用于描述该兴趣点的特征向量

神经节细胞的感受野除具有以上介绍的性质之外,最近相关研究人员还发现它的尺寸在一定范围内可以进行动态调整[70]。神经节中的电突触是非常灵活的,它们可以灵活地产生或者断开,这就导致了神经节细胞的感受野的大小是可变的,但感受野可动态调整的幅度是比较小的。根据感受野的动态调整机制,本章对其进行建模,得到多尺度情形下的 DERF 特征描述子。具体说来,对上述单尺度情形下 DERF 的每个抽样点都需要添加两个尺度,这两个新添加的尺度来自于 $S(5)$ 这五个尺度,并且与抽样点的固有尺度相邻,其中一个大于抽样点的固有尺度,另外一个小于抽样点的固有尺度。对于尺度最小的抽样点,因为没有更小的尺度,所以只为这些抽样点添加次大的尺度,同样,对于最外圈上的抽样点,也就是尺度最大的抽样点,由于没有更大的尺度,所以只为这些抽样点添加第四大的尺度。一般的,兴趣点 (ξ_0,ν_0) 为中心的多尺度 DERF 描述子 $\boldsymbol{D}(\xi_0,\nu_0)$ 定义如下:

$$
\boldsymbol{D}(\xi_0,\nu_0)=\begin{bmatrix}
\boldsymbol{h}_{\Sigma_1}(\xi_0,\nu_0),\boldsymbol{h}_{\Sigma_2}(\xi_0,\nu_0)\\
\boldsymbol{h}_{\Sigma_1}(l_1(\xi_0,\nu_0,R_1)),\boldsymbol{h}_{\Sigma_2}(l_1(\xi_0,\nu_0,R_1)),\cdots,\\
\boldsymbol{h}_{\Sigma_1}(l_T(\xi_0,\nu_0,R_1)),\boldsymbol{h}_{\Sigma_2}(l_T(\xi_0,\nu_0,R_1));\\
\boldsymbol{h}_{\Sigma_1}(l_1(\xi_0,\nu_0,R_2)),\boldsymbol{h}_{\Sigma_2}(l_1(\xi_0,\nu_0,R_2)),\boldsymbol{h}_{\Sigma_3}(l_1(\xi_0,\nu_0,R_2)),\cdots,\\
\boldsymbol{h}_{\Sigma_1}(l_T(\xi_0,\nu_0,R_2)),\boldsymbol{h}_{\Sigma_2}(l_T(\xi_0,\nu_0,R_2)),\boldsymbol{h}_{\Sigma_3}(l_T(\xi_0,\nu_0,R_2));\\
\vdots\\
\boldsymbol{h}_{\Sigma_{S-1}}(l_1(\xi_0,\nu_0,R_S)),\boldsymbol{h}_{\Sigma_S}(l_1(\xi_0,\nu_0,R_S)),\cdots,\\
\boldsymbol{h}_{\Sigma_{S-1}}(l_T(\xi_0,\nu_0,R_S)),\boldsymbol{h}_{\Sigma_S}(l_T(\xi_0,\nu_0,R_S)).
\end{bmatrix}^{\mathrm{T}} \tag{6.7}
$$

多尺度的 DERF 描述子在性能上比单尺度的 DERF 有所提升,继续为每个抽样点增加尺度个数,当所有的抽样点都有 $T(5)$ 个尺度时,还能够进一步提升该描述子的性能。

6.2　低秩表示模型构建

通过本章前面第一节的介绍,笔者引入了灵长类视网膜神经节细胞编码的图像特征提取方法,从而提出一个高可区分、高效率、高鲁棒性的在兴趣点 (ξ_0, ν_0) 处的多尺度 DERF 描述子特征向量 $\boldsymbol{D}(\xi_0,\nu_0)$ 。

对于织物疵点图像,背景纹理信息大多是相似的,因此势必会产生大量的冗余。而疵点往往只占图像的一小部分,因而,只有少量主要的特征即可代表图像的整个信息。若对整幅图像进行处理,难免会产生空间和时间的浪费。因此,对前面生成的特征向量,利用主成分分析法(Principle component analysis, PCA)对其进行降维处理。从而更能提高效率,降低复杂度和计算量。定义经 PCA 降维的特征向量为 $\boldsymbol{f}_i$,作为将给定织物疵点图像均匀分块的每个小块 $\{\boldsymbol{I}_i\}_{i=1,2,\cdots,N}$ 的特征向量,其中 N 为图像分块的数目。然后将所有图像块的特征向量组装,最终生成能够用来表示整幅图像的特征矩阵 $\boldsymbol{F} = [\boldsymbol{f}_1,\boldsymbol{f}_2,\cdots,\boldsymbol{f}_N]$, $\boldsymbol{F} \in \boldsymbol{R}^{K\times N}$,其中,K 表示特征向量的维度。

正常的织物图像块之间通常存在很强的相关性,因此正常的背景块存在于一个低维子空间中,而疵点的存在却打破了这种重复有规则的纹理模式而区别于背景块。因此,可以通过低秩表示(LRR)模型将特征矩阵分解为对应于正常背景的低秩部分和对应于疵点目标信息的稀疏部分:

$$\min_{Z,S} \|\boldsymbol{Z}\|_* + \lambda \|\boldsymbol{S}\|_{2,1} \quad s.t.\ \boldsymbol{F} = \boldsymbol{DZ} + \boldsymbol{S} \tag{6.8}$$

式中:$\boldsymbol{D}$ 为由数据空间线性扩展生成的字典;$\boldsymbol{Z}$ 为字典在低秩空间的投影系数矩阵。

为了获得相对干净的字典 $\boldsymbol{D}$,笔者利用具有很好收敛特性而得到广泛使用的 KSVD 在测试图像上训练出正常的织物图像块字典,对于测试图像 y,将其等

分为 $\sqrt{m} \times \sqrt{m}$（m 一般为可开方的数）的图像块，然后将图像块展成 $m \times 1$ 的行向量，将这些行向量组合成矩阵作为训练集 $\boldsymbol{Y}_{\text{train}} = [\boldsymbol{Y}_1, \boldsymbol{Y}_2, \cdots, \boldsymbol{Y}_m]$，$\boldsymbol{Y}_i \in \boldsymbol{R}^{m \times 1}$。为表达这个训练集，需找到一个 $m \times k$ 的字典 $\boldsymbol{D} = [d_1, d_2, \cdots, d_m]$，$d_j \in \boldsymbol{R}^{m \times 1}$。对于 KSVD 字典学习，其实就是对一个关于字典 $\boldsymbol{D}$ 和稀疏 α 的联合优化问题进行求解的问题：

$$\min_{\boldsymbol{D},\boldsymbol{\alpha}} \| \boldsymbol{Y}_{\text{train}} - \boldsymbol{D\alpha} \|_2^2 \; s.t. \; \forall i, \| \boldsymbol{\alpha}_i \| \leqslant \varepsilon \tag{6.9}$$

若把织物的疵点检测看做稀疏异常检测的问题来看，那么，式(6.8)的目标函数可以重新写为以下形式：

$$\min_{\boldsymbol{Z},\boldsymbol{S},\boldsymbol{D}} \| \boldsymbol{Z} \|_* + \lambda_1 \| \boldsymbol{S} \|_1 + \lambda_2 \| \boldsymbol{Z} \|_1 s.t. \boldsymbol{F} = \boldsymbol{DZ} + \boldsymbol{S} \tag{6.10}$$

为了便于对上述凸优化问题进行求解，我们引入一个辅助变量 $\boldsymbol{J}$ 使目标函数分离开。则上式可以改写为：

$$\begin{aligned} &\min_{\boldsymbol{Z},\boldsymbol{S},\boldsymbol{D}} \| \boldsymbol{Z} \|_* + \lambda_1 \| \boldsymbol{S} \|_1 + \lambda_2 \| \boldsymbol{J} \|_1 \\ &s.t. \boldsymbol{F} = \boldsymbol{DZ} + \boldsymbol{S}, \boldsymbol{Z} = \boldsymbol{J} \end{aligned} \tag{6.11}$$

6.3 模型的优化求解

对于上述优化问题，笔者采用 ADMM 方法对其进行优化求解。式(6.11)的拉格朗日函数为：

$$\begin{aligned} \mathcal{L}(\boldsymbol{Z},\boldsymbol{J},\boldsymbol{S},\boldsymbol{Y}_1,\boldsymbol{Y}_2,\mu) = &\| \boldsymbol{Z} \|_* + \lambda_1 \| \boldsymbol{S} \|_1 + \lambda_2 \| \boldsymbol{J} \|_1 \\ &+ \langle \boldsymbol{Y}_1, \boldsymbol{F} - \boldsymbol{DZ} - \boldsymbol{S} \rangle + \langle \boldsymbol{Y}_2, \boldsymbol{Z} - \boldsymbol{J} \rangle \\ &+ \frac{\mu}{2}(\| \boldsymbol{F} - \boldsymbol{DZ} - \boldsymbol{S} \|_F^2 + \| \boldsymbol{Z} - \boldsymbol{J} \|_F^2) \end{aligned} \tag{6.12}$$

式中：λ_1 和 λ_2 为平衡参数；$\boldsymbol{Y}_1$ 和 $\boldsymbol{Y}_2$ 为相应的拉格朗日乘子；μ 为惩罚因子。

对于训练好的字典 $\boldsymbol{D}$，笔者可以利用带有自适应惩罚项的迭代线性交替方法（Linearized alternating direction method with adaptive penalty, LADMAP）[71] 对

Z 和 **S** 进行求解，则式(6.12)可以被重新写为：

$$\begin{aligned} L(\boldsymbol{Z},\boldsymbol{J},\boldsymbol{S},\boldsymbol{Y}_1,\boldsymbol{Y}_2,\mu) = & \|\boldsymbol{Z}\|_* + \lambda_1 \|\boldsymbol{S}\|_1 + \lambda_2 \|\boldsymbol{J}\|_1 + \\ & \langle \boldsymbol{Y}_1, \boldsymbol{F}-\boldsymbol{DZ}-\boldsymbol{S}\rangle + \langle \boldsymbol{Y}_2, \boldsymbol{Z}-\boldsymbol{J}\rangle + \\ & q(\boldsymbol{Z},\boldsymbol{J},\boldsymbol{S},\boldsymbol{Y}_1,\boldsymbol{Y}_2,\mu) - \\ & \frac{1}{2\mu}(\|\boldsymbol{Y}_1\|_F^2 + \|\boldsymbol{Y}_2\|_F^2) \end{aligned} \tag{6.13}$$

式中：$q(\boldsymbol{Z},\boldsymbol{J},\boldsymbol{S},\boldsymbol{D},\boldsymbol{Y}_1,\boldsymbol{Y}_2,\mu) = \frac{1}{2\mu}\left(\left\|\boldsymbol{F}-\boldsymbol{DZ}-\boldsymbol{S}+\frac{Y_1}{\mu}\right\|_F^2 + \left\|\boldsymbol{Z}-\boldsymbol{J}+\frac{\boldsymbol{Y}_2}{\mu}\right\|_F^2\right)$。

在先前迭代步骤上增加一个近端项，用它的一阶导数近似提到上式中的二次项，然后依次更新变量 **Z**、**J** 和 **S**，使函数最小化。具体步骤如下：

$$\begin{aligned} \boldsymbol{Z}^{k+1} = & \arg\min_{Z} \|\boldsymbol{Z}\|_* + \langle \boldsymbol{Y}_1^k, \boldsymbol{F}-\boldsymbol{DZ}^k-\boldsymbol{S}^k\rangle + \langle \boldsymbol{Y}_2^k, \boldsymbol{Z}^k-\boldsymbol{J}^k\rangle \\ & + \frac{\mu}{2}(\|\boldsymbol{F}-\boldsymbol{DZ}^k-\boldsymbol{S}^k\|_F^2 + \|\boldsymbol{Z}^k-\boldsymbol{J}^k\|_F^2) \\ = & \arg\min_{Z} \|\boldsymbol{Z}\|_* + \frac{\eta\mu}{2}\|\boldsymbol{Z}-\boldsymbol{Z}^k\|_F^2 + \langle \nabla Zq(\boldsymbol{Z}^k,\boldsymbol{J}^k,\boldsymbol{S}^k,\boldsymbol{D},\boldsymbol{Y}_1^k,\boldsymbol{Y}_2^k,\mu), \boldsymbol{Z}-\boldsymbol{Z}^k\rangle \\ = & \arg\min_{Z} \frac{1}{\eta\mu}\|\boldsymbol{Z}\|_* \\ & + \frac{1}{2}\left\|\boldsymbol{Z}-\boldsymbol{Z}^k+\left[-\boldsymbol{D}^{\mathrm{T}}\left(\boldsymbol{F}-\boldsymbol{DZ}^k-\boldsymbol{S}^k+\frac{\boldsymbol{Y}_1^k}{\mu}\right)+\left(\boldsymbol{Z}-\boldsymbol{J}^k+\frac{\boldsymbol{Y}_2^k}{\mu}\right)\right]/\eta\right\|_F^2 \end{aligned} \tag{6.14}$$

$$\begin{aligned} \boldsymbol{J}^{k+1} = & \arg\min_{J} \lambda_2 \|\boldsymbol{J}\|_1 + \langle \boldsymbol{Y}_2^k, \boldsymbol{Z}^{k+1}-\boldsymbol{J}\rangle + \frac{\mu}{2}\|\boldsymbol{Z}^{k+1}-\boldsymbol{J}\|_F^2 \\ = & \arg\min_{J} \frac{\lambda_2}{\mu}\|\boldsymbol{J}\|_1 + \frac{1}{2}\left\|\boldsymbol{J}-\left(\frac{1}{\mu}\boldsymbol{Y}_2^k+\boldsymbol{Z}^{k+1}\right)\right\|_F^2 \end{aligned} \tag{6.15}$$

$$\begin{aligned} \boldsymbol{S}^{k+1} = & \arg\min_{S} \lambda_1 \|\boldsymbol{S}\|_1 + \langle \boldsymbol{Y}_1^k, \boldsymbol{F}-\boldsymbol{DZ}^{k+1}-\boldsymbol{S}\rangle + \frac{\mu}{2}\|\boldsymbol{F}-\boldsymbol{DZ}^{k+1}-\boldsymbol{S}\|_F^2 \\ = & \arg\min_{S} \frac{\lambda_1}{\mu}\|\boldsymbol{S}\|_1 + \frac{1}{2}\left\|\boldsymbol{S}-\left(\boldsymbol{F}-\boldsymbol{DZ}^{k+1}+\frac{1}{\mu}\boldsymbol{Y}_1^k\right)\right\|_F^2 \end{aligned} \tag{6.16}$$

6.4 疵点分布图生成及分割

通过前面提及的方法，将特征矩阵 $\boldsymbol{F}$ 分解为低秩部分和稀疏部分。低秩系数矩阵 $\boldsymbol{Z}$ 体现了矩阵低秩的特性，代表了背景的信息。而稀疏矩阵 $\boldsymbol{S}$ 代表了疵点信息。笔者利用矩阵 $\boldsymbol{S}$ 生成相应的疵点分布图并归一化为灰度图。

$$\boldsymbol{M}(\boldsymbol{I}_i) = \| \boldsymbol{S}^*(:,i) \|_2^2 = \sum_j (\boldsymbol{S}^*(j,i))^2 \tag{6.17}$$

然后对疵点分布图 $\boldsymbol{M}$ 进行降噪处理得到 $\hat{\boldsymbol{M}}$：

$$\hat{\boldsymbol{M}} = g * (\boldsymbol{M} \circ \boldsymbol{M}) \tag{6.18}$$

式中：g 为圆形平滑滤波器；$\circ$表示哈达玛内积运算符；$*$ 表示卷积操作。

再将疵点分布图 $\hat{\boldsymbol{M}}$ 转换成灰度图像 $\boldsymbol{G}$：

$$\boldsymbol{G} = \frac{\hat{\boldsymbol{M}} - \min(\hat{\boldsymbol{M}})}{\max(\hat{\boldsymbol{M}}) - \min(\hat{\boldsymbol{M}})} \times 255 \tag{6.19}$$

最后，利用最优阈值分割算法[53] 对 $\boldsymbol{G}$ 进行分割，从而定位出疵点的位置和区域。

6.5 实验结果及分析

为了验证所提算法的鲁棒性和有效性，笔者从 TILDA 织物图像库以及图案织物图像库中（包括点型：110 幅正常图像和 120 幅含疵点图像；星型：25 幅正常图像和 25 幅含疵点图像；盒子型：包含 30 幅正常图像和 26 幅含疵点图像）选取几类比如漏纱、断经、断纬、松纬、破洞、跳花、结头等疵点图像进行试验。对于模式织物图像库中所有的疵点图像都存在对应的 GT 图（黑色表示背景，白色表示目标即疵点）。所有图像的分辨率均取为 512 pixel×512 pixel。所有的实验都在 Inter(R) Core(TM) i3. 2120 3. 3GHZCPU 的计算机上完成,软件工具为 MATLAB 2011a.

6.5.1 定性的结果

所提算法不仅对背景纹理简单的平纹或斜纹织物,而且对背景纹理复杂的模式织物疵点图像检测有效。为了显示所提算法的有效性和鲁棒性,将其与目前一些较为先进的异常检测方法(第5章中提到的几种方法)进行对比,分别包括基于 WT 的方法[65]、基于 TDVSM 的方法[18]、基于 PGLSR 的方法[40]和基于 LSF—GSA 的方法[20]。具体可见图 6.1~图 6.4 所示。其中图 6.1 所示为所提算法在平纹或斜纹织物中与其他方法的对比;图 6.2 所示为所提算法在星型模式织物(Star-patterned fabrics)中与其他方法的对比;图 6.3 所示为所提算法在盒子型模式织物(Box-patterned fabrics)中与其他方法的对比;图 6.4 所示为所提算法在点型模式织物中与其他方法的对比(dot-patterned fabrics)。在这些图中,第一行为原始图片,第二行为基于 WT[65]的方法生成的疵点分布图,第三行为基于 TDVSM[18]的方法生成的疵点分布图,第四行为基于 PGLSR[40]的方法生成的疵点分布图,第五行为基于 LSF—GSA[20]的方法生成的疵点分布图,第六行为本章所提算法生成的疵点分布图。

基于 WT[65]的方法首先将图像从空域转换到频域,通过分析其小波系数生成相应放入疵点分布图。但是,鉴于织物纹理的复杂性和疵点的多样性及随机性,对于有复杂模式的正常背景,小波系数也可能会很大。因此,该方法并不是十分符合织物疵点检测的任务。基于 TDVSM[18]的方法,通过对比疵点与背景的纹理差异生成疵点分布图,该方法对于背景纹理简单且疵点与背景差别较大的静态图像检测有效,但对于纹理相对复杂的模式织物或者疵点与背景差异较小的织物图像检测效果欠佳。基于 PGLSR[40]的方法,利用图像本身学习出来的局部特征作为先验指导对疵点图像进行检测,该方法对于大多数的织物图像有效,能够确定疵点的大概位置,但从生成的疵点分布图可以看出并不能很完整地勾勒出疵点的具体形状。基于 LSF—GSA 的方法[20]利用图像的局部特征和整体的不规则性对织物进行检测。该方法在很大程度上依赖于随机选择块的数目,能够有效地检测出疵点,但是往往会存在很大的噪声,从而造成检测结果不是很理想。而由笔者提出的算法生成的疵点分布图,不论是对于背景纹理简单的平纹或斜纹织物,还是对于纹理复杂的模式织物,都能很好的凸显出疵点的位置。

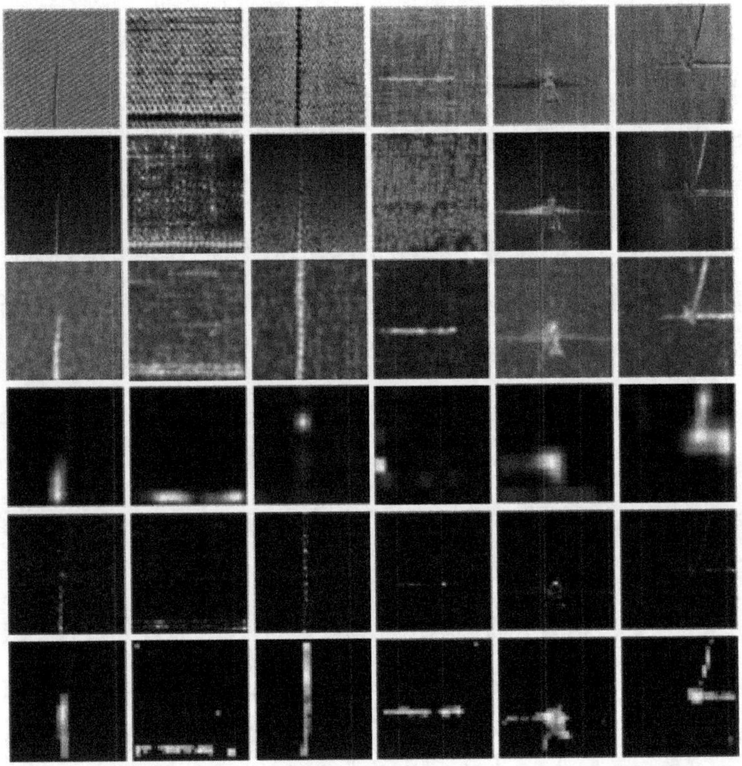

图 6.1　所提算法与不同方法生成的疵点分布图的对比(平纹或斜纹织物)

为了进一步显示所提算法的有效性和准确性,笔者利用阈值分割算法对生成的疵点分布图进行分割,得到最终的检测结果,并将其与其他算法的检测结果进行对比。具体可详见图 6.5~图 6.8,其中图 6.5 是平纹或斜纹的织物疵点的检测结果对比,图 6.6~图 6.8 分别是星型、盒子型和点型的模式织物疵点的检测结果对比。如前文所述,基于 WT 的方法不适合于织物疵点检测的任务，所以对该方法的检测结果不予考虑，而基于 TDVSM 的方法不适用于模式织物的疵点检测，因此在图 6.6～图 6.8 中对该方法的检测结果不予考虑。在图 6.5 中，其中第一行为原始织物图像，从第二行到第五行分别为基于 TDVSM 方法、基于 PGLSR 方法、基于 LSF—GSA 方法和所提算法的检测结果。在图 6.6～图 6.8 中，其中第一行为原始模式织物图像，从第二到第四行分别为基于 PGLSR 方法、基于 LSF—GSA 方法和所提算法的检测结果，第六行为标准的 GT 图。由这些检测结果对比显示，利用所提算法得到的检测结果不仅对于平纹或斜纹织物，而且对模式织物都能够有效并准确地定位出疵点的位置和区域。

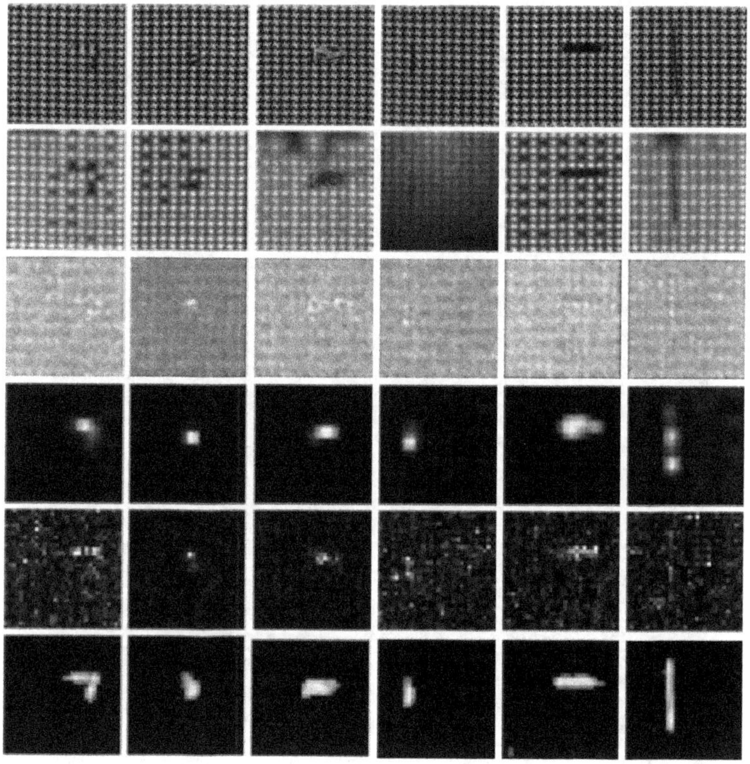

图 6.2　所提算法与不同方法生成的疵点分布图的对比(星型模式织物)

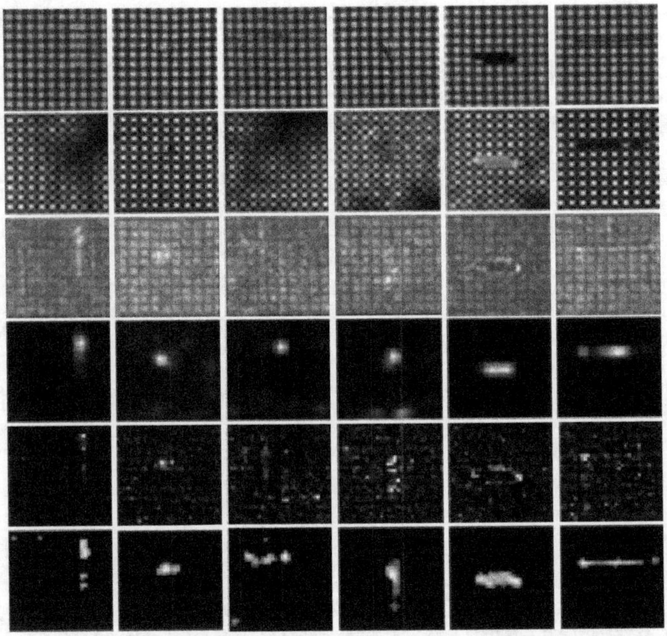

图 6.3　所提算法与不同方法生成的疵点分布图的对比（盒子型模式织物）

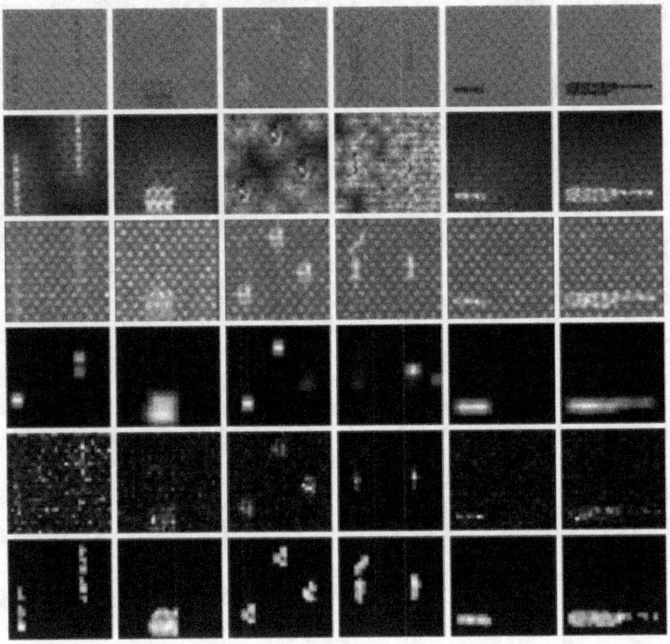

图 6.4　所提算法与不同方法生成的疵点分布图的对比（点型模式织物）

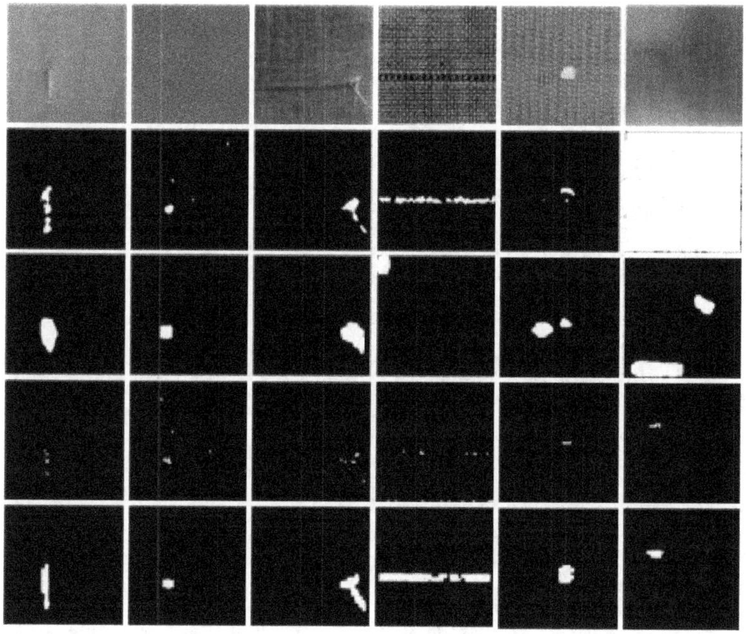

图 6.5　所提算法与其他不同方法检测结果对比(平纹或斜纹织物)

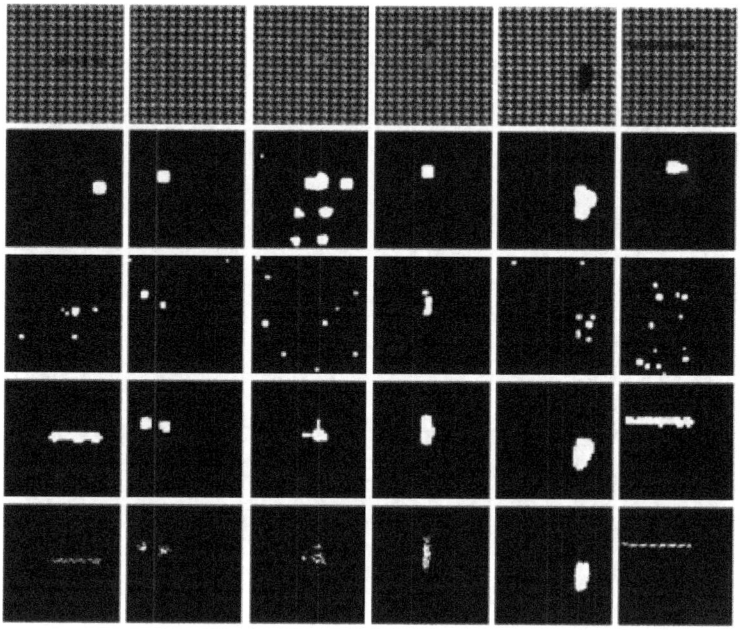

图 6.6　所提算法与其他不同方法检测结果对比(星型模式织物)

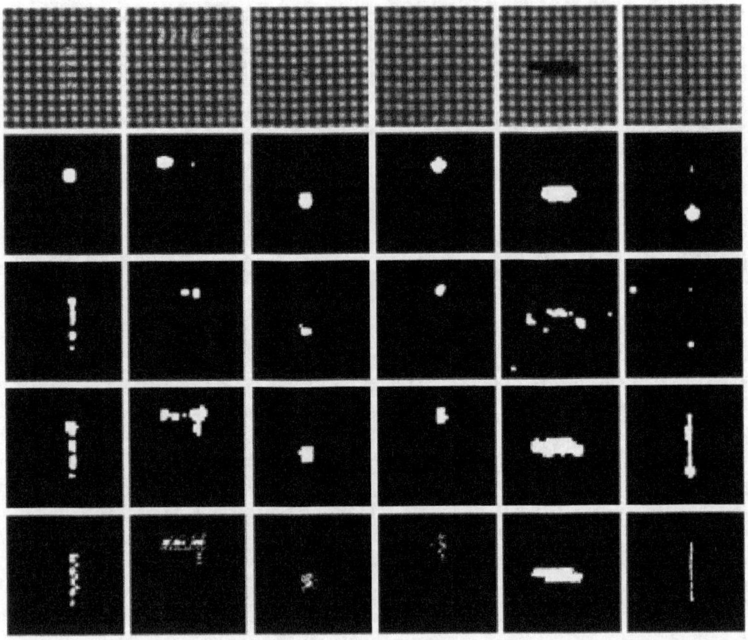

图 6.7　所提算法与其他不同方法检测结果对比(盒子型模式织物)

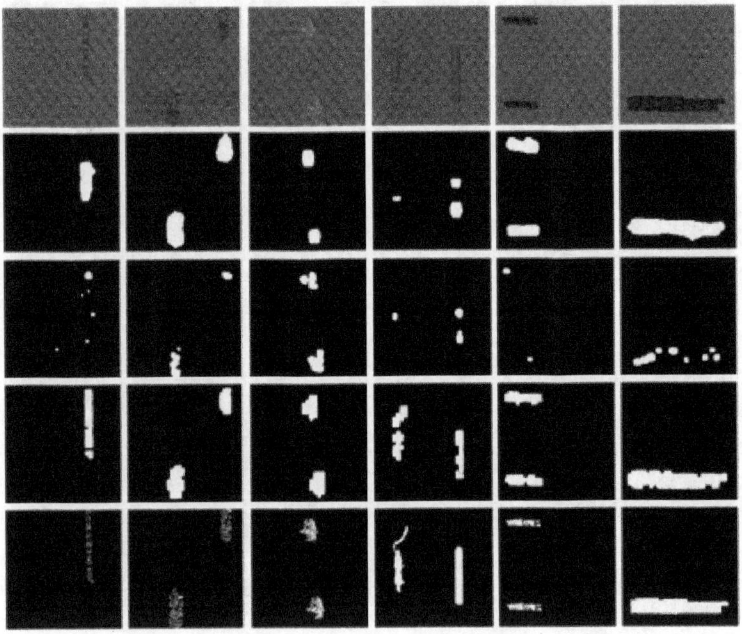

图 6.8　所提算法与其他不同方法检测结果对比(点型模式织物)

6.5.2 定量的结果

因为所掌握的 TLDIA 织物图像库中缺乏 GT 图，没有标准的图进行对比分析，所以无法进行定量的评估。所以我们只针对模式织物图像库进行定量的检验。利用第五章我们提到的 ROC 曲线、PR 曲线和 F-measure 对所提算法进行检测。具体见图 6.9~图 6.11。其中图 6.9 和图 6.10 的(a)~(c)分别为星型、盒子型、点型织物的 ROC 曲线和 PR 曲线。图 6.11 表示 F-measure 图。将所提算法分别于基于 TDVSM、基于 PGLSR 和基于 LSF-GSA 的方法进行对比，可显示出笔者所提算法的有效性、鲁棒性以及优越性。

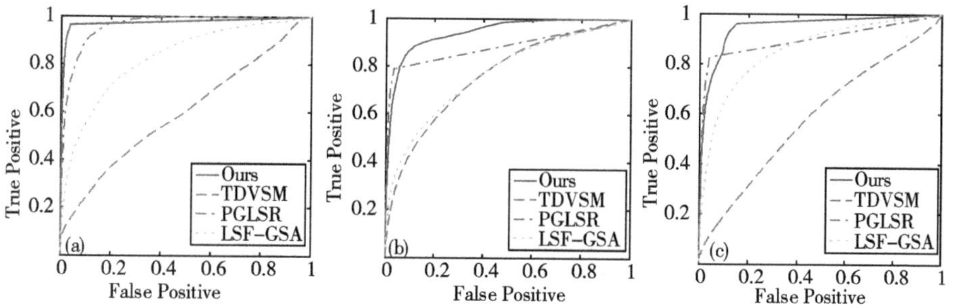

图 6.9　不同方法的 ROC 曲线对比

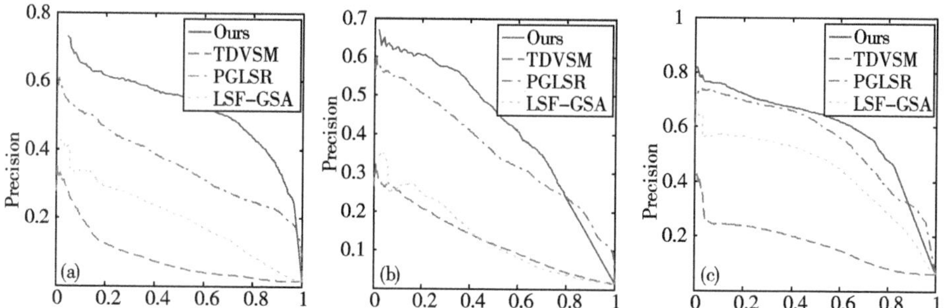

图 6.10　不同方法的 PR 曲线对比

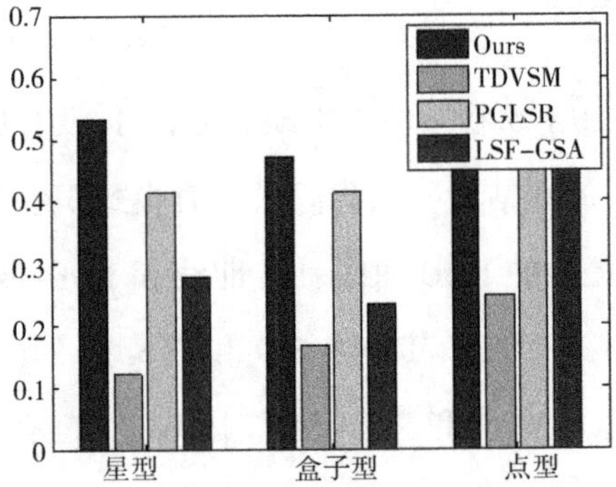

图 6.11　不同方法的 F-measure 对比

6.6　本章小结

本章节引入“基于灵长类视网膜神经节细胞编码的图像特征提取方法”，对织物图像进行纹理表征，并利用 KSVD 方法在测试图像上训练出正常的织物图像块。根据训练出来的字典，构建低秩表示模型，并利用 ADMM 方法对模型进行优化求解，最终通过阈值分割算法对由低秩表示分解出来的稀疏矩阵生成的疵点分布图进行分割，从而得到的最终的检测效果。将所提算法从定性和定量的角度进行实验验证，结果显示该算法不仅对于背景纹理简单的平纹或斜纹织物图像，而且对于模式织物图像的疵点检测都具有很强的有效性和鲁棒性，且所提算法相较先前的算法更具自适应性。但是从定性的结果来看，所提算法仍存在某些疵点区域不连续等问题。

第7章　基于多通道特征矩阵联合低秩表示的织物疵点检测算法

传统的织物疵点检测方法在特征提取上往往直接采用灰度直方图[20]、纹理特征[18]、频谱特性[17]等方法，对纹理复杂的织物图像难以进行有效表征。为了提高对织物图像的表征能力，需要综合考虑以下因素：

(1)生理学研究表明，人类视觉系统具有选择性，能快速定位显著目标。Weng等[69]指出视网膜P型神经节细胞对客观世界的编码是完备的，能有效处理各种复杂场景。而疵点在织物图像中较为突出，可以视为显著目标，因此模拟其编码方式有望提升图像的表征能力。

(2)正常织物图像由经线、纬线按照一定的方式编织而成，疵点破坏了这种周期性，造成了经纬线曲率发生了变化，而二阶梯度信息相对一阶梯度于更能有效描述图像的曲率信息[72]。

(3)现有方法一般把所有通道特征连接到一起生成特征向量，该类方法降低了特征的区分能力。因此，本书模拟人眼视觉感知机制，提出一种二阶多通道特征提取方法。首先计算织物图像的二阶梯度图，然后采用视网膜P型神经节细胞的编码方式针对多个二阶梯度图提取多通道特征，用于织物图像的描述。

具体过程包括：

(1)二阶多通道特征提取。在二阶梯度图的基础上，根据视网膜P型神经节细胞编码方式提取多通道特征。

(2)基于联合低秩表示模型的显著度计算。针对生成的多个特征矩阵，采用联合低秩表示技术将特征矩阵分解为低秩矩阵(背景)与稀疏矩阵(目标)。

(3)显著图生成与分割。通过稀疏矩阵生成视觉显著图，经过预处理后，采用阈值分割算法，进而定位疵点区域。

7.1 二阶多通道特征提取

为了更精确地描述复杂纹理的模式织物图像，构建适用于织物疵点检测的低秩表示模型，在特征描述阶段，采用视网膜 P 型神经节细胞的编码方式提取二阶多通道特征。具体包括：二阶梯度图计算，基于 P 型神经节细胞编码方式的特征提取，多通道特征矩阵生成(图 7.1)。

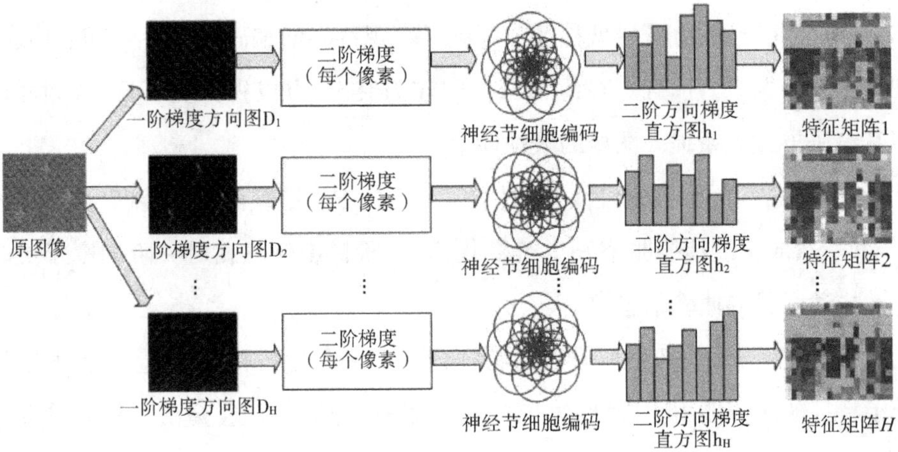

图 7.1 二阶多通道特征提取

7.1.1 二阶梯度图计算

(1)计算 H 个方向的一阶梯度方向图。

$$G_o = \left(\frac{\partial I}{\partial o}\right)^+, 1 \leqslant o \leqslant H \tag{7.1}$$

式中：I 为输入图像块；o 为导数的方向；$(\cdot)^+$ 为非负算子 $(a)^+ = \max(a,0)$；

H 为梯度方向数,即通道的个数。

(2)将一阶梯度方向图 G_o 作为输入图像,分别采用 $S+1$ 个不同尺度 Σ 的高斯函数卷积 $S+1$ 次获得高斯卷积梯度方向图。

$$G_o^{\Sigma} = G_{\Sigma} * G_o \tag{7.2}$$

式中:G_{Σ} 表示尺度为 Σ 的高斯卷积核。由上式可以得到每个方向的一阶梯度图,进而可以用一阶梯度来表示特征区域。

(3)根据一阶梯度的计算结果,进一步求得二阶梯度及其幅值和相位,分别由式(7.3)~式(7.5)给出。

$$Gsec_o^{\Sigma_i} = \begin{cases} \dfrac{\partial G_o^{\Sigma_i}(x,y)}{\partial x} = G_o^{\Sigma_i}(x+1,y) - G_o^{\Sigma_i}(x-1,y) \\ \dfrac{\partial G_o^{\Sigma_i}(x,y)}{\partial y} = G_o^{\Sigma_i}(x,y+1) - G_o^{\Sigma_i}(x,y-1) \end{cases} \tag{7.3}$$

$$\mathrm{mag}_o(x,y) = \sqrt{\left(\frac{\partial G_o^{\Sigma_i}(x,y)}{\partial x}\right)^2 + \left(\frac{\partial G_o^{\Sigma_i}(x,y)}{\partial y}\right)^2} \tag{7.4}$$

$$\theta_o(x,y) = \arctan\left(\frac{\partial G_o^{\Sigma_i}(x,y)}{\partial x} \bigg/ \frac{\partial G_o^{\Sigma_i}(x,y)}{\partial y}\right) \tag{7.5}$$

为了使二阶梯度与一阶梯度计算时的方向数保持数量一致,按照式(7.6)将式(7.5)得到的梯度方向进行量化。

$$n_o(x,y) = \mathrm{mod}\left(\left\lfloor \frac{\theta_o(x,y)}{2\pi/H} + \frac{1}{2} \right\rfloor, H\right) \tag{7.6}$$

式中:mod(·) 为取模操作;⌊·⌋ 为向上取整。

计算二阶梯度时要处理的一个关键问题就是所得局部图像描述子对于噪声的敏感度。通过式(7.2)使用高斯核模拟人类简单细胞和平滑一阶梯度,使得描述子对噪声鲁棒。

7.1.2　基于 P 型神经节细胞编码方式的特征提取

视网膜的最后一层细胞,P 型神经节细胞,形成对客观世界的编码。1965 年,*Rodieck*[73] 首次提出神经节细胞和其感受野上的刺激之间的映射关系可由 D

∘G 函数建模。经研究发现,视网膜上的 P 型神经节细胞分布在近似同心圆上,相邻两个圆圈之间的距离从中心圈往外呈指数方式增长,这对信号的完整表征是至关重要的。因此我们采用文献[69]所提的基于 P 型神经节细胞编码方式来抽样 D∘G 卷积梯度方向图中的值组装特征向量。

对二阶梯度方向图的每个方向,用相邻两幅梯度方向图的小尺度的减去大尺度的得到二阶 D∘G 卷积的梯度方向图:

$$D_o^{\Sigma_1} = G\sec_o^{\Sigma_1} - G\sec_o^{\Sigma_2}, \Sigma_2 > \Sigma_1 \tag{7.7}$$

图 7.2　基于 P 型神经节细胞编码方式的描述子形状

通过抽样二阶 D∘G 卷积梯度方向中的值组装特征向量。生理学研究表明,视网膜 P 型神经节细胞的感受野分布在同心圆上,因此,抽样点也分布在同心圆上,同心圆的半径和抽样点的 D∘G 卷积核的尺度从内往外按指数方式增长。得到的抽样点的形状如图 7.2 所示,每个圆圈代表一个卷积区域,区域的半径正比于该抽样点处 D∘G 卷积核的标准差,卷积区域的重叠使得区域间的过度变得平滑,并能获得一定程度的旋转鲁棒性。因此有四个参数决定池化方式,即图像区域的半径(R),具有不同尺度的同心圆环数(S),梯度方向数(H),每个同心圆环上圆的数目(T)。

用 S 表示尺度数, T 表示每个同心圆上抽样点的数目, h_o 表示方向为 o 的抽样点,兴趣点 (x,y) 的一个方向上的特征向量可以表示为 $\boldsymbol{h}$ 向量的串联:

$$\begin{aligned} \boldsymbol{F}_{so}(x,y) = [&h_{o1}(x,y), \\ &h_{o1}(x,y,\Sigma_1), h_{o2}(x,y,\Sigma_1), \cdots, h_{oT}(x,y,\Sigma_1), \\ &h_{o1}(x,y,\Sigma_2), h_{o2}(x,y,\Sigma_2), \cdots, h_{oT}(x,y,\Sigma_2), \\ &\vdots \\ &h_{o1}(x,y,\Sigma_s), h_{o2}(x,y,\Sigma_s), \cdots, h_{oT}(x,y,\Sigma_s)]^{\mathrm{T}} \end{aligned} \tag{7.8}$$

式中: $1 \leqslant o \leqslant H$; $h_{oj}(x,y,\Sigma)$ 为 (x,y) 在不同尺度 Σ 上第 j 个采样点方向为 o

的点。

考虑到神经节细胞的动态调整机制，笔者对上述每个采样点都添加两个与采样点固有尺度相邻的尺度。此时，兴趣点 (x,y) 的一个方向上多尺度 *McDerf* 特征描述子 $\boldsymbol{F}_{mo}(x,y)$ 定义如下：

$$
\begin{aligned}
\boldsymbol{F}_{mo}(x,y) = [\, & h_{o1}(x,y), \\
& h_{o1}(x,y,\Sigma_1),h_{o2}(x,y,\Sigma_1),\cdots,h_{oT}(x,y,\Sigma_1), \\
& h_{o1}(x,y,\Sigma_2),h_{o2}(x,y,\Sigma_2),\cdots,h_{oT}(x,y,\Sigma_2); \\
& h_{o1}(x,y,\Sigma_1),h_{o2}(x,y,\Sigma_1),\cdots,h_{oT}(x,y,\Sigma_1), \\
& h_{o1}(x,y,\Sigma_2),h_{o2}(x,y,\Sigma_2),\cdots,h_{oT}(x,y,\Sigma_2), \\
& h_{o1}(x,y,\Sigma_3),h_{o2}(x,y,\Sigma_3),\cdots,h_{oT}(x,y,\Sigma_3); \\
& \vdots \\
& h_{o1}(x,y,\Sigma_{s-1}),h_{o2}(x,y,\Sigma_{s-1}),\cdots,h_{oT}(x,y,\Sigma_{s-1}), \\
& h_{o1}(x,y,\Sigma_s),h_{o2}(x,y,\Sigma_s),\cdots,h_{oT}(x,y,\Sigma_s)\,]^{\mathrm{T}}
\end{aligned}
\tag{7.9}
$$

7.1.3　多通道特征矩阵生成

基于低秩分解的疵点检测首先需要构造特征矩阵，为了方便后续计算，上述所求出的图像块特征向量表示为 f_i^k，然后将所有图像块特征组成特征矩阵

$$\boldsymbol{F}^k = [f_1^k, f_2^k, \cdots, f_N^k] \in \boldsymbol{R}^{d\times N}, k = 1,2,\cdots,H$$

式中：N 为图像块个数；k 为通道序号。

那么织物疵点检测就转化为对特征矩阵 $\boldsymbol{F}$ 的低秩分解，其中低秩阵 $\boldsymbol{L}$ 为正常织物图像，稀疏阵 $\boldsymbol{S}$ 的数值大小对应视觉显著度。

7.2　联合低秩表示模型的构建

7.2.1　模型构建

对于给定输入图像的特征矩阵 $\boldsymbol{F}$，它可以分解为低秩矩阵 $\boldsymbol{L}_0$ 和稀疏矩阵

S_0，分别对应于非显著的背景和显著目标。这个问题被定义为低秩分解问题[52]：

$$\min_{L_0,S_0} \|L_0\|_* + \lambda \|S_0\|_1 \quad s.t.\quad F = L_0 + S_0 \tag{7.10}$$

式中：$\|\cdot\|_*$ 定义为矩阵的核范数，它是秩函数的凸松弛；$\|\cdot\|_1$ 为 l_1 范数用来提升稀疏性；$\lambda > 0$ 是低秩矩阵和稀疏矩阵的平衡因子。

由于低秩分解表达式潜在假设底层数据结构是单个低秩子空间，为了更好地处理混合数据，用于子空间结构分析和线性子空间的数据分类，*Liu* 等[74]提出了一个更一般的秩最小化问题，定义如下：

$$\min_{L,S} \mathrm{rank}(L) + \lambda \|S\|_l \; s.t.\; F = AL + S \tag{7.11}$$

式中：F 的每一列都是一个观测对象，组成了一个观测矩阵。A 是一个字典，L 是字典 A 对数据矩阵 F 的一个低秩表示。通过选择适当的字典 A，低秩表示可以恢复底层的行空间。因此，低秩表示可以很好地处理从多个子空间的联合中抽取的数据。

由于上式是非凸的，难以求解，因此，我们用核范数代替问题式(7.11)中的秩函数。此外，l_1，$l_{2,1}$ 范数分别是 l_0，$l_{2,0}$ 范数的凸松弛。因此，通过求解模型式(7.12)的凸优化问题，可以得到 F 的低秩恢复：

$$\min_{L,S} \|L\|_* + \lambda \|S\|_{2,1} \; s.t.\; F = AL + S \tag{7.12}$$

式中：$l_{2,1}$ 范数 $\|S\|_{2,1} = \sum_{j=1}^{n}\sqrt{\sum_{i=1}^{n}([S]_{ij})^2}$。

一般情况下都是采用观测数据自身作为字典，使其与子空间联系更为紧密，所以式(7.12)中的模型可进一步改写为：

$$\min_{L,S} \|L\|_* + \lambda \|S\|_{2,1} \; s.t.\; F = FL + S \tag{7.13}$$

式中：FL 是低秩部分；S 是稀疏部分。

增广拉格朗日乘子算法(*ALM*)、方向交替乘子算法(*ADMM*)算法在速度和精度上更快、更高，低秩表示大多数都采用这两种方法进行优化求解。

上述低秩表示模型不能直接用于多通道特征的情况,仅适用于单一类型的视觉特征。为了将低秩表示模型与多通道特征相结合,笔者采用多任务稀疏追踪(*Multi-task sparsity pursuit*,*MTSP*)[54]进行显著性检测,如图 7.3 所示。

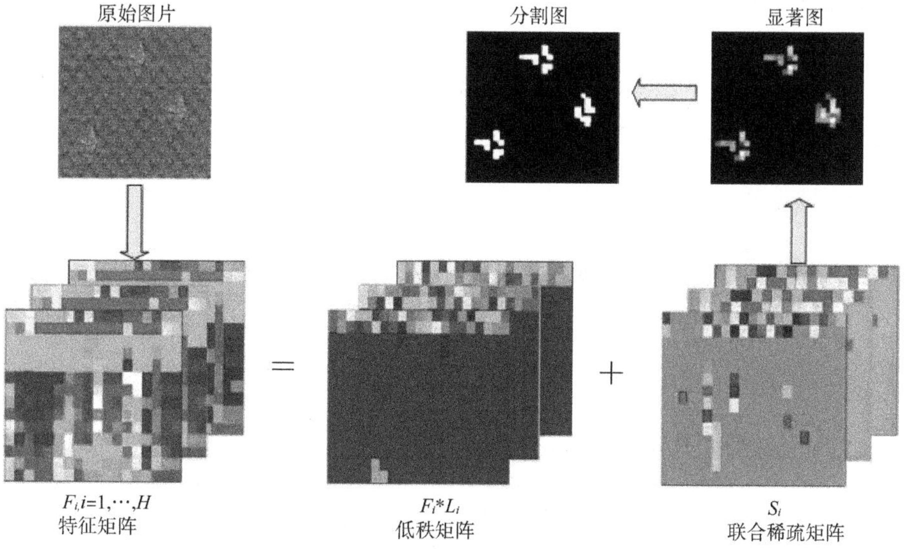

图 7.3　多任务稀疏追踪显著性检测模型

MTSP 通过求解下面的凸优化问题得到一个联合稀疏矩阵 $\boldsymbol{S}$:

$$\min_{\substack{L_1,\cdots,L_H \\ S_1,\cdots,S_H}} \sum_{i=1}^{H} \|\boldsymbol{L}_i\|_* + \lambda \|\boldsymbol{S}\|_{2,1} \ s.t.\ F_i = \boldsymbol{F}_i\boldsymbol{L}_i + \boldsymbol{S}_i, i = 1,\cdots,H \tag{7.14}$$

式中:$\|\cdot\|_{2,1}$ 为 $\ell_{2,1}$ 范数,用来提升稀疏性,定义为矩阵列向量的 ℓ_2 范数之和。

$$\|\boldsymbol{S}\|_{2,1} = \sum_i \sqrt{\sum_j [\boldsymbol{S}(j,i)]^2} \tag{7.15}$$

这里 $\boldsymbol{S}(j,i)$ 是 $\boldsymbol{S}$ 的第 (j,i) 元素。由于 $\ell_{2,1}$ 范数的最小化促使 $\boldsymbol{S}$ 的列向量为零(具有稀疏性),因此它适用于织物疵点的显著性检测问题。$\boldsymbol{S}$ 有 H 个通道的稀疏矩阵垂直级联而成 $\boldsymbol{S} = [\boldsymbol{S}_1, \boldsymbol{S}_2, \cdots, \boldsymbol{S}_H]$。通过最小化 $\boldsymbol{S}$ 的 $\ell_{2,1}$ 范数来实

现多通道特征的无缝结合，要求 $S_1, S_1, \cdots, S_H$ 的列具有共同一致的幅度，即它们都是最大或者最小。该算法是为了使多个通道特征起协同作用，促使不同的特征产生一致的显著图。

7.2.2 优化过程

模型式(7.14)是个凸问题，可以通过多种方法求解。由于 *ALM* 的简单性和良好的收敛性，可用它来求解所建立的模型。问题式(7.14)转化为下面的等价问题：

$$\min_{\substack{J_1,\cdots,J_H \\ L_1,\cdots,L_H \\ S_1,\cdots,S_H}} \sum_{i=1}^{H} \|\boldsymbol{J}\|_* + \lambda \|\boldsymbol{S}\|_{2,1} s.t. \boldsymbol{F}_i = \boldsymbol{F}_i\boldsymbol{L}_i + \boldsymbol{S}_i, \boldsymbol{L} = \boldsymbol{J}, i = 1,2,\cdots,H \tag{7.16}$$

式(7.16)的增广拉格朗日函数为：

$$\mathcal{L}_{(\boldsymbol{Z},\boldsymbol{S},\boldsymbol{J})} = \lambda \|\boldsymbol{S}\|_{2,1} + \sum_{i=1}^{H} \Big\{ \|\boldsymbol{J}\|_* + \mathrm{tr}[\boldsymbol{Y}_i(\boldsymbol{F}_i - \boldsymbol{F}_i\boldsymbol{L}_i - \boldsymbol{S}_i)] + \mathrm{tr}[\boldsymbol{W}_i(\boldsymbol{L}_i - \boldsymbol{J}_i)] + \frac{\mu}{2}(\|\boldsymbol{F}_i - \boldsymbol{F}_i\boldsymbol{L}_i - \boldsymbol{S}_i\|_F^2 + \|\boldsymbol{L}_i - \boldsymbol{J}_i\|_F^2) \Big\} \tag{7.17}$$

式中：$\mathrm{tr}(\cdot)$ 和 $\|\cdot\|_F$ 分别为矩阵的迹和 *Frobenious* 范数；$\boldsymbol{Y}_i, \boldsymbol{W}_i$ 为拉格朗日乘子；$\mu > 0$ 是惩罚参数。

上述问题是无约束的，因此当固定其他变量，可以分别求 $\boldsymbol{J}, \boldsymbol{Z}, \boldsymbol{E}$ 的最小值，然后更新拉格朗日乘子 $\boldsymbol{Y}_i, \boldsymbol{W}_i$ 。

固定其他变量更新 $\boldsymbol{J}_i$ ：

$$\boldsymbol{J}_i = \underset{J}{\mathrm{argmin}}\{\|\boldsymbol{J}\|_* + \mathrm{tr}[\boldsymbol{W}_i(\boldsymbol{L}_i - \boldsymbol{J}_i)] + \frac{\mu}{2}(\|L_i - J_i\|_F^2)\} \tag{7.18}$$

上述式(7.18)问题是凸的，可以求得近端最小的封闭解为：

$$\begin{aligned} \boldsymbol{J}_i &= \mathrm{argmin} \frac{1}{\mu} \|J\|_* + \frac{1}{2} \|\boldsymbol{J}_i - (\boldsymbol{L}_i + \boldsymbol{W}_i/\mu)\|_F^2 \\ \boldsymbol{J}_i &= U_i \Sigma_i^{\mu_k^{-1}}[\Sigma_i] \boldsymbol{V}_i^{\mathrm{T}}, (\boldsymbol{U}_i, \Sigma_i, \boldsymbol{V}_i) = \mathbf{svd}(\boldsymbol{L}_i + \mu^{-1}\boldsymbol{W}_i) \end{aligned} \tag{7.19}$$

固定其他变量更新 $\boldsymbol{L}_i$：

$$\boldsymbol{L}_i = \operatorname{argmin}\{\operatorname{tr}[\boldsymbol{Y}_i^{\mathrm{T}}(\boldsymbol{F}_i - \boldsymbol{F}_i\boldsymbol{L}_i - \boldsymbol{S}_i)] + \operatorname{tr}[\boldsymbol{W}_i(\boldsymbol{L}_i - \boldsymbol{J}_i)] + \frac{\mu}{2}(\|\boldsymbol{F}_i - \boldsymbol{F}_i\boldsymbol{L}_i - \boldsymbol{S}_i\|_F^2 + \|\boldsymbol{L}_i - \boldsymbol{J}_i\|_F^2)] \tag{7.20}$$

$$\boldsymbol{L}_i = \left(\boldsymbol{I} + \sum_{i=1}^{H}\boldsymbol{F}_i^{\mathrm{T}}\boldsymbol{F}_i\right)^{-1}(\boldsymbol{F}_i^{\mathrm{T}}\boldsymbol{F}_i - \boldsymbol{F}_i^{\mathrm{T}}\boldsymbol{S}_i + \boldsymbol{J}_i + (\boldsymbol{F}_i^{\mathrm{T}}\boldsymbol{Y}_i - \boldsymbol{W}_i)/\mu)$$

固定其他变量更新 $\boldsymbol{E}$：

$$\boldsymbol{S}_i = \operatorname{argmin}\lambda\|\boldsymbol{S}\|_{2,1} + \operatorname{tr}(\boldsymbol{Y}_i^{\mathrm{T}}(\boldsymbol{F}_i - \boldsymbol{F}_i\boldsymbol{L}_i - \boldsymbol{S}_i) + \frac{\mu}{2}\|\boldsymbol{S}_i - (\boldsymbol{F}_i - \boldsymbol{F}_i\boldsymbol{L}_i + \boldsymbol{Y}_i/\mu)\|_F^2) \tag{7.21}$$

问题式(7.21)可以改写为：

$$\begin{aligned} &\boldsymbol{S} = \underset{S}{\operatorname{argmin}}\frac{\lambda}{\mu}\|\boldsymbol{S}\|_{2,1} + \frac{1}{2}\|\boldsymbol{S} - (\boldsymbol{F}_i - \boldsymbol{F}_i\boldsymbol{L}_i + \boldsymbol{Y}_i/\mu)\|_F^2 \\ &\boldsymbol{S} = [\boldsymbol{S}_1, \boldsymbol{S}_2, \cdots, \boldsymbol{S}_H] \end{aligned} \tag{7.22}$$

凸问题式(7.22)可以通过下面定理求解：

定理 7.1[75]：给定一个矩阵 $\boldsymbol{Q}$，如果 $\boldsymbol{P}^*$ 是 $\min\limits_{W}\|\boldsymbol{P}\|_{2,1} + \frac{1}{2}\|\boldsymbol{P} - \boldsymbol{Q}\|_F^2$ 的最优解，那么 $\boldsymbol{P}^*$ 的第 i 列为：

$$[\boldsymbol{P}^*]_{:,i} = \begin{cases} \dfrac{\|\boldsymbol{Q}_{:,i}\|_2 - \alpha}{\|\boldsymbol{Q}_{:,i}\|_2}\boldsymbol{Q}_{:,i}, & \|\boldsymbol{Q}_{:,i}\|_2 > \alpha \\ 0, & \text{其他} \end{cases} \tag{7.23}$$

更新拉格朗日乘子 $\boldsymbol{Y}_i, \boldsymbol{W}_i$：

$$\boldsymbol{Y}_i = \boldsymbol{Y}_i + \mu(\boldsymbol{F}_i - \boldsymbol{F}_i\boldsymbol{L}_i - \boldsymbol{S}_i) \tag{7.24}$$

$$\boldsymbol{W}_i = \boldsymbol{W}_i + \mu(\boldsymbol{L}_i - \boldsymbol{J}_i) \tag{7.25}$$

更新参数 μ：

$$\mu = \min(\rho\mu, \mu_{\max}) \tag{7.26}$$

算法 7.1　ALM 算法求解式(7.14)模型

输入：$F \in R^{d \times N}, \lambda > 0$;

初始化：

$Z_i = J_i = 0, E_i = 0, Y_i = 1, Y_i = 0, \mu = 10^{-6}, \mu_{\max} = 10^6, \rho = 1.1, \varepsilon = 10^{-8}$

当不收敛时，

固定其他比变量更新 J_i：

$$J_i^{k+1} = \operatorname{argmin} \frac{1}{\mu} \| J \|_* + \frac{1}{2} \| J_i - (L_i^k + W_i^k / \mu) \|_F^2$$

固定其他比变量更新 L_i：

$$L_i^{k+1} = \left(I + \sum_{i=1}^{H} F_i^{\mathrm{T}} F_i\right)^{-1} (F_i^{\mathrm{T}} F_i - F_i^{\mathrm{T}} S_i + J_i + (F_i^{\mathrm{T}} Y_i^k - W_i^k) / \mu)$$ **固定其他比变量更新** S：

$$S = \underset{S}{\operatorname{argmin}} \frac{\lambda}{\mu} \| S \|_{2,1} + \frac{1}{2} \| S - (F_i - F_i L_i^{k+1} + Y_i^k / \mu) \|_F^2$$

更新拉格朗日乘子 Y_1, Y_2:

$$Y_i^{k+1} = Y_i^k + \mu (F_i - F_i L_i^{k+1} - S_i^{k+1})$$

$$W_i^{k+1} = W_i^k + \mu (L_i^{k+1} - J_i^{k+1})$$

更新参数 μ : $\mu = \min(\rho\mu, \mu_{\max})$

检查是否满足收敛条件：$\| F_i - F_i L_i - S_i \|_\infty < \varepsilon, \| L_i - J_i \|_\infty < \varepsilon$

结束

输出：$Z \in R^{N \times N}, E \in R^{d \times N}$

7.3 显著图生成与分割

假设 $\{S_1^*, S_2^*, \cdots, S_H^*\}$ 是式(7.14)的最优解，笔者通过量化稀疏矩阵的响应来获得第 i 个图像块 P_i 的显著性得分：

$$\boldsymbol{SM} = S(P_i) = \sum_{c}^{H} \| \boldsymbol{S}_c^*(:,i) \|_2 = \sum_{c}^{H} \sqrt{\sum_{j} [\boldsymbol{S}_c^*(j,i)]^2} \tag{7.27}$$

式中：$\| \boldsymbol{S}_c^*(:,i) \|_2$ 为矩阵 $\boldsymbol{S}_c^*$ 第 i 列的 l_2 范数。

图像块 P_i 的显著性和 $S(P_i)$ 的值成正比例相关，$S(P_i)$ 值越大，显著性越大。

然后通过高斯滤波器对显著图进行平滑去噪，并把显著图转换为灰度图 G：

$$G = \frac{\boldsymbol{SM} - \min(\boldsymbol{SM})}{\max(\boldsymbol{SM}) - \min(\boldsymbol{SM})} \times 255 \tag{7.28}$$

最后采用改进的自适应阈值分割算法对灰度图进行分割，进而定位出疵点区域。

7.4　实验结果及分析

随机从织物图像库中挑选出几种常见的带有疵点的织物图像（包括断纱、多网、破洞、粗纬等）来验证本章所提算法的检测效果。实验中使用的测试图像来自 TILDA 织物纹理数据库和香港大学模式图像数据库。实验运行的硬件环境为 Intel(R) Core(TM) i5.4570，8G 内存计算机，软件环境为 Matlab R2016a。织物图片的大小为 256pixel × 256pixel，图像块的大小为 16pixel × 16pixel。

在实验中，我们定性和定量地比较了所提方法与其他几种方法，包括 HOG[76]，LSR[40]，ULR[35]，WT[65]。

7.4.1　定性分析

本书所提算法的一个重要参数就是特征通道数。因此我们首先提取不同通道数的特征，如图 7.4 所示。图中第 1 列为织物原图像，第 2、第 3、第 4、第 5、第 6 列分别对应的特征通道数为 2、4、6、8、10 时提取的图像特征生成的疵点显著图。通过实验发现：当通道数较少时，对有些疵点的检测不连续。当通道数增长时,其检测性能有明显提升,但通道数大于4时,检测的性能虽然有所提升,但是受到噪声的影响较大。因此考虑到检测性能和计算量,选择的通道数为4。

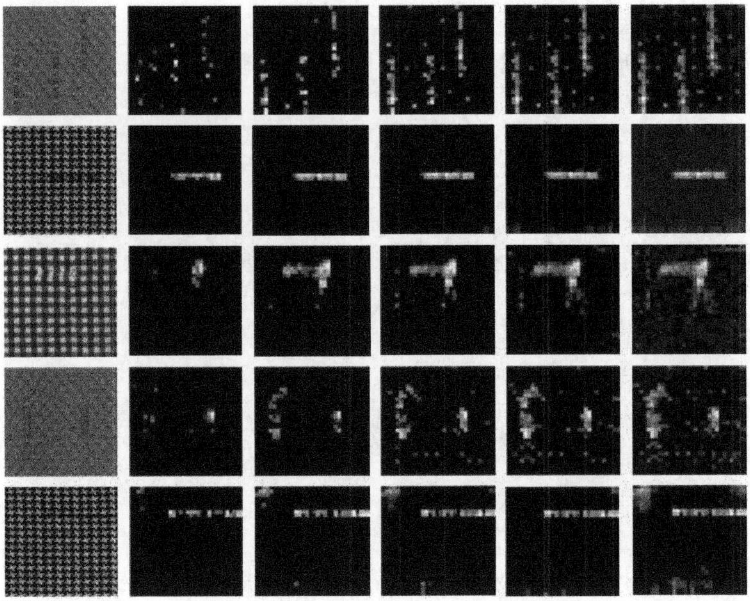

图7.4　不同通道数显著性检测结果

所提算法的另一个重要参数是式(7.14)中低秩矩阵和稀疏矩阵的平衡因子 λ 。不同 λ 下生成的显著图如图7.5所示。λ 越大,生成的显著图里的噪声越少,检测效果越好。综合考虑,本书选择 $\lambda=0.75$。

参数设置完后,下一步是所提方法和其他方法进行比较来验证其有效性。

首先比较四种不同的配置来评估所提二阶多通道特征的显著性检测性能:

(1)一阶特征的低秩分解(First order low-rank,FOLR)。

(2)一阶多通道特征的联合低秩分解(First order joint low-rank,FOJLR)。

(3)二阶特征的低秩分解(Second order low-rank,SOLR)。

(4)二阶多通道特征的联合低秩分解(Our method)。

图7.6显示这些不同配置的方法在简单纹理织物和复杂纹理的模式织物

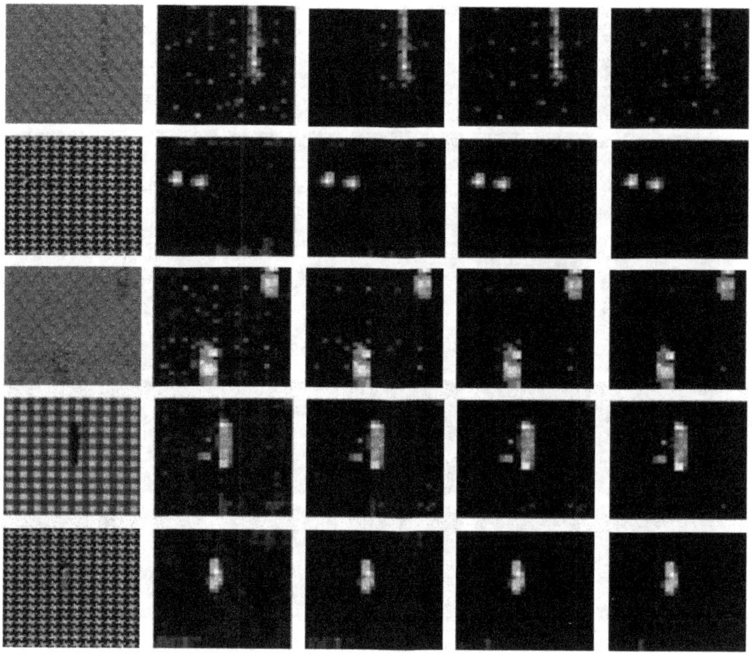

图 7.5　对参数 λ 的敏感度(从左到右 λ = 0.25,0.5,0.75,1)

疵点检测的定性结果,图 7.6(a)为简单平纹织物疵点检测结果,图 7.6(b)为模式织物疵点检测结果。第一行为织物原图像,第 2、第 3、第 4、第 5 行分别对应 FOLR、FOJLR、SOLR、OURS 方法提取的图像特征生成的疵点显著图。从实验结果可以清楚地看出,这四种配置对简单纹理织物疵点的检测性能良好,几乎能检测出所有织物图像中的疵点,除了第四列仅能用我们所提方法检测出。对于模式织物疵点检测来说,前三种方法对以些疵点的检测不连续,而我们所提出的织物疵点检测算法的性能得到显著提高,原因是相对一阶梯度,二阶梯度信息更能有效描述图像的曲率信息,从而提高了显著性检测精度。

图 7.7 是所提方法和已有的显著性检测算法进行比较的结果。第一列为织物原图像,第二列为文献[35]的检测结果,第三列为文献[65]的检测结果,第四列为文献[76]的检测结果。这三种方法的结果存在严重的噪声和扩散,对于简单纹理的织物图像检测效果较好,对于模式织物图像,不能将疵点和背景区域有

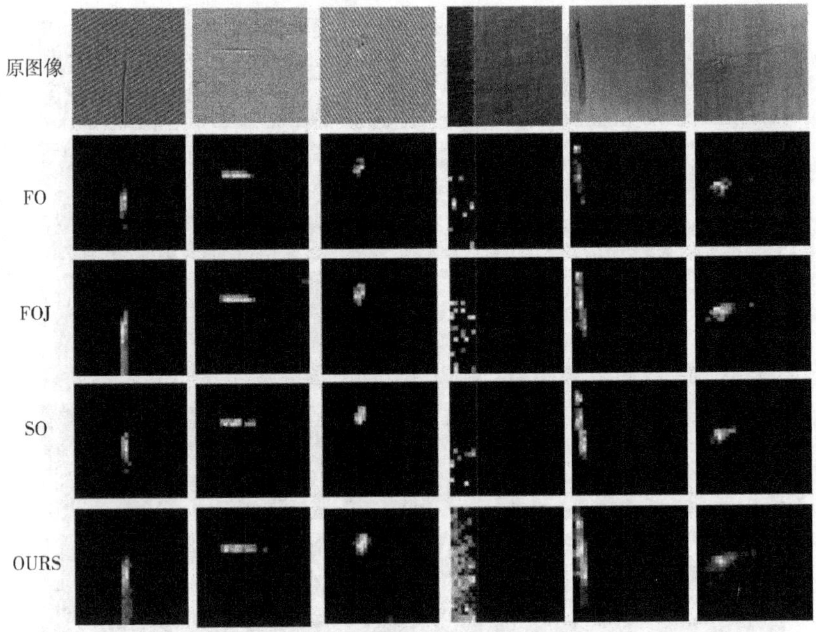

(a) 平纹或斜纹织物检测结果

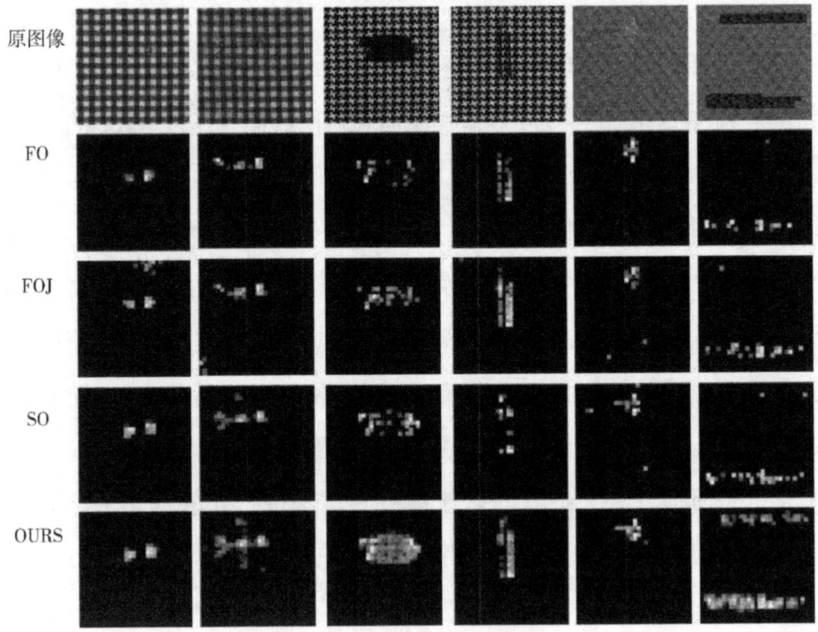

(b) 模式织物检测结果

图 7.6　四种不同配置的检测结果

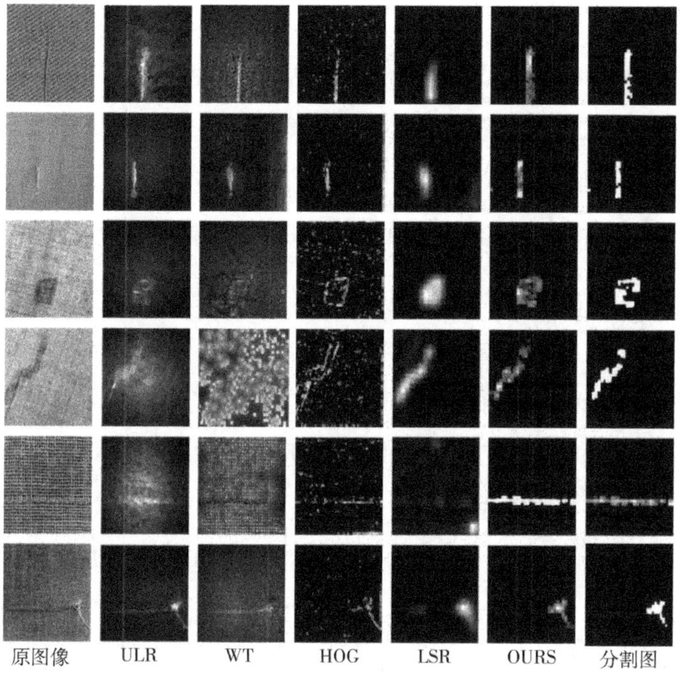

（a）平纹或斜纹织物检测结果

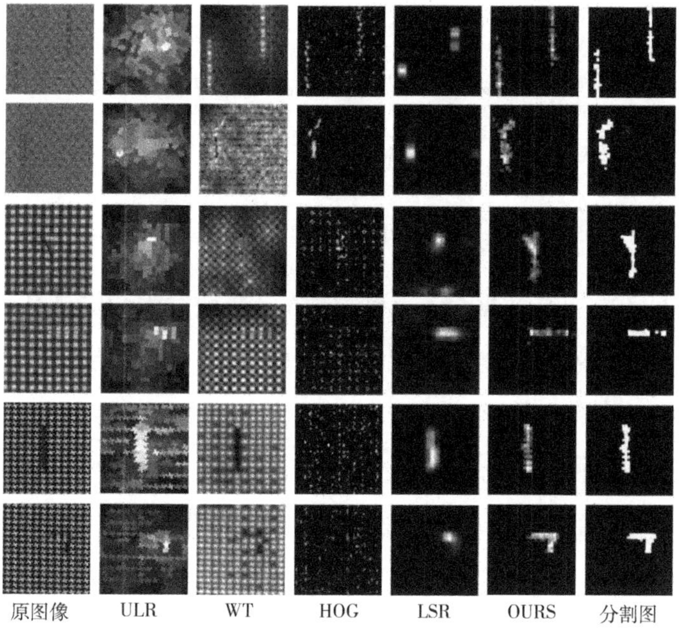

（b）模式织物检测结果

图 7.7　不同方法检测结果的比较

效分离。第五列为文献[40]的检测结果,虽然实现了疵点与背景的分离,但是疵点区域位置不够精确。第六列为本章所提算法的检测结果,第七列对本文所提算法生成的显著图进行阈值分割得到的二值化结果,从图 7.7 中可以看出所提算法实现了疵点区域和背景的有效分离,检测结果正确。实验结果表明,本书算法有较强的自适应性,可以检测出各种疵点,包括平纹织物和模式织物。

7.4.2 定量分析

对于定量评估,笔者采用两个指标进行比较:ROC 曲线和 PR 曲线。ROC 曲线用于评估预测值和真实值之间的相似度,如图 7.8 所示。图 7.8 显示了这九种方法在三个数据集上的 ROC 曲线的比较结果,从左到右依次是星型、点型、方格型模式织物的 ROC 曲线。可以看出,在这三个数据集上笔者的方法具有最好的 ROC 曲线,并且 ROC 曲线下的、面积也是最大的。与现存的其他方法相比,在大多数情况下,所提的多特征联合低秩表示模型具有更好的检测性能。

$$TPR = \frac{\mathrm{TP}}{\mathrm{TP} + \mathrm{FN}} \quad FPR = \frac{\mathrm{FP}}{\mathrm{FP} + \mathrm{TN}} \tag{7.29}$$

PR 曲线通过使用阈值数目来二值化显著图获得[77],如图 7.9 所示。

$$\mathrm{precision} = \frac{\mathrm{TP}}{\mathrm{TP} + \mathrm{FP}} \tag{7.30}$$

$$\mathrm{recall} = \frac{\mathrm{TP}}{\mathrm{TP} + \mathrm{FN}} \tag{7.31}$$

图 7.9 显示在三个数据集上九种方法的 PR 曲线中的定量显著性检测性能。从左到右第一列是星型模式织物的 PR 曲线,第二列是点型模式织物的 PR 曲线,第三列是方格型模式织物的 PR 曲线。从实验结果可以看出,在星型模式织物数据集和点型模式织物数据集上我们的方法具有最好的 PR 曲线,在盒子型模式织物数据集上,笔者所用方法的 PR 曲线略低于 LSR 方法,但是依然比其他所有方法都高。大多数情况下,当召回率固定时,所提方法可以达到极高精度。

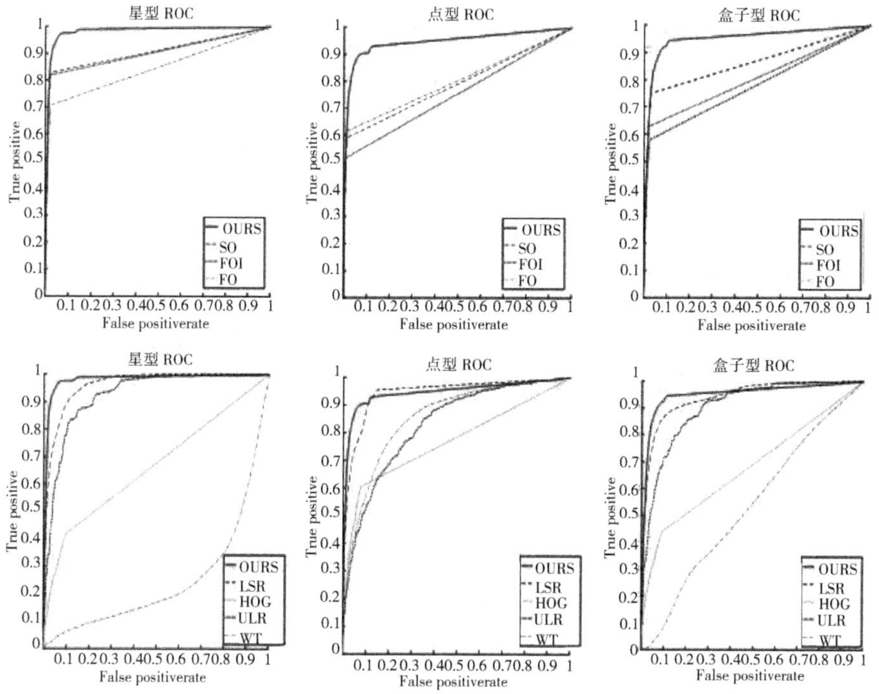

图 7.8　不同方法的 ROC 曲线

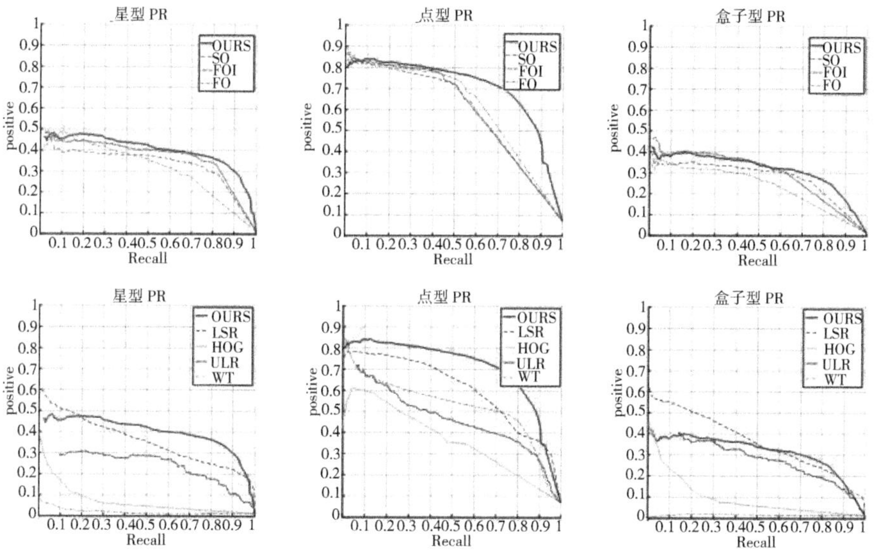

图 7.9　不同方法的 PR 曲线

7.5 本章小结

本章通过建模人眼视觉感知机制，提出了一种基于多通道特征矩阵联合低秩表示的织物疵点检测算法。所提方法的主要贡献如下：

(1)提出一种新的二阶多通道特征提取方法，在二阶梯度图的基础上，借鉴P型神经节细胞的编码方式提取图像特征，解决复杂织物图像难以有效表征的问题。

(2)采用联合低秩表示算法将多特征矩阵分解为低秩矩阵和稀疏矩阵，由稀疏矩阵生成最终的显著图。定性和定量的实验结果表明，所提算法能够实现更加准确和鲁棒的织物疵点检测结果，包括简单纹理织物和模式织物。与现有的其他方法相比，本算法具有更好的有效性和鲁棒性。

第 8 章　基于多通道特征和张量低秩分解的织物疵点检测算法

第 7 章提出的基于多通道特征矩阵联合低秩表示的织物疵点检测算法，虽然在简单和复杂纹理织物上均取得了不错的检测效果，但是仍存在一些问题。由于低秩表示考虑数据特征空间的全局结构，特征矩阵规模比较大，而在优化求解过程中采用的是 ALM 算法，在每一次迭代中都要求解 $N \times N$ 矩阵的奇异值分解，时间消耗非常大，难以处理实时性要求较高的问题。

Candès 等[29]提出的鲁棒主成分分析（RPCA）模型可以快速将数据矩阵分解为低秩矩阵和稀疏矩阵之和，在目标检测中取得了令人满意的结果。但它只能处理矩阵数据，不能用于高阶维数数据。多通道特征矩阵是个高阶维度的数据（也称张量数据），如果要使用 RPCA 模型，首先将高阶数据转成为矩阵，这种预处理通常会导致信息的丢失和检测性能的下降，这是人们不希望看到的。

因此，本章提出了一种基于多通道特征和张量低秩分解的织物疵点检测算法。首先，通过建模生物视觉感知机制，提取多通道特征，解决复杂纹理织物难以有效表征的问题。其次，把高阶维度特征直接当作张量来处理，保留其多维数据结构，构建张量鲁棒主成分分析模型（Tensor PRAC，TRPCA）[78]，即张量低秩分解模型，通过张量恢复方向交替乘子算法将特征张量分解为低秩张量和稀疏张量。最后，通过改进的自适应阈值分割算法对由稀疏张量部分生成显著图进行分割，定位出疵点位置。

8.1 张量符号和基本定义

定义标量、向量和矩阵分别用小写字母、粗体小写字母和粗体大写字母表示,如 $\{a,b,c\}$ 、$\{\boldsymbol{a},\boldsymbol{b},\boldsymbol{c}\}$ 和 $\{\boldsymbol{A},\boldsymbol{B},\boldsymbol{C}\}$;高阶张量用粗体 Euler 体字母表示,如 $\{\mathcal{A},\mathcal{B},\mathcal{C}\}$ 。定义 $\boldsymbol{I}_n$ 是一个 $n \times n$ 的单位矩阵,实数域和复数域分别表示为 $\boldsymbol{R}$ 和 $\boldsymbol{C}$ 。对于一个三维张量 $\mathcal{A} \in \boldsymbol{C}^{n_1 \times n_2 \times n_3}$,定义它的第 (i,j,k) 索引为 $\mathcal{A}_{ijk}$ 或 a_{ijk} , $\mathcal{A}(i,:,:)$,$\mathcal{A}(:,i,:)$,$\mathcal{A}(:,:,i)$ 分别定义为第 i 个水平切片,侧向切片和正面切片。正面切片 $\mathcal{A}\ (:,:,i)$ 也被定义为 $\boldsymbol{A}_{(i)}$ 。张量的管被定义为 $\mathcal{A}(i,j,:)$ 。矩阵 $\boldsymbol{A}$ 和 $\boldsymbol{B}$ 的内积定义为 $\langle \boldsymbol{A},\boldsymbol{B} \rangle = \mathrm{Tr}(\boldsymbol{A}^*\boldsymbol{B})$, $\boldsymbol{A}^*$ 是 $\boldsymbol{A}$ 的共轭转置矩阵, $Tr(\cdot)$ 是矩阵的迹。张量 $\mathcal{A}^{n_1 \times n_2 \times n_3}$ 和 $\mathcal{B}^{n_1 \times n_2 \times n_3}$ 的内积定义为 $\langle \mathcal{A},\mathcal{B} \rangle = \sum_i^{n_3} \langle \boldsymbol{A}^{(i)},\boldsymbol{B}^{(i)} \rangle$ 。

此外,还用到向量,矩阵和张量的各种范数。张量的 ℓ_1 范数定义为 $\| A \|_1 = \sum_{ijk} |a_{ijk}|$,无穷范数定义为 $\| A \|_\infty = \max_{ijk} |a_{ijk}|$, F 范数定义为 $\| A \|_F = \sqrt{\sum_{ijk} |a_{ijk}|^2}$ 。如果 A 是一个向量或矩阵,则上述各种范数就变成向量或矩阵的范数。例如 $\boldsymbol{v} \in \boldsymbol{C}^n$, ℓ_2 范数为 $\| \boldsymbol{v} \|_2 = \sqrt{\sum_i |v_i|^2}$ 。矩阵 $\boldsymbol{A} \in \boldsymbol{C}^{n_1 \times n_2}$ 的谱范数为 $\| \boldsymbol{A} \| = \max_i \sigma_i(\boldsymbol{A})$, $\sigma_i(\boldsymbol{A})$ 是的 $\boldsymbol{A}$ 奇异值。矩阵的核范数为 $\| \boldsymbol{A} \|_* = \sum_i \sigma_i(\boldsymbol{A})$ 。

通过 Matlab 命令 fft,可以得到 $\mathcal{A} \in \boldsymbol{R}^{n_1 \times n_2 \times n_3}$ 沿着第三个维度上经过离散傅里叶变化后的结果,即 $\bar{\mathcal{A}} = fft(\mathcal{A},[\ ],3)$ 。特别的是,定义 $\bar{A}$ 为块对角矩阵,对角上的每一块都是 $\mathcal{A}$ 的正面切片 $\bar{\boldsymbol{A}}^{(i)}$ 。

$$\bar{A} = \mathrm{bdiag}(\bar{\mathcal{A}}) = \begin{bmatrix} \bar{\boldsymbol{A}}^{(1)} & & & \\ & \bar{\boldsymbol{A}}^{(2)} & & \\ & & \ddots & \\ & & & \bar{\boldsymbol{A}}^{(n_3)} \end{bmatrix} \tag{8.1}$$

张量—张量积[79]依赖于一个重要概念,即块循环矩阵(可以看作是张量的展开)。例如 $\boldsymbol{A} \in \boldsymbol{R}^{n_1 \times n_2 \times n_3}$,它的块循环矩阵是 $n_1 n_3 \times n_2 n_3$,即:

$$\mathrm{bcirc}(A) = \begin{bmatrix} \boldsymbol{A}^{(1)} & \boldsymbol{A}^{(n_3)} & \cdots & \boldsymbol{A}^{(2)} \\ \boldsymbol{A}^{(2)} & \boldsymbol{A}^{(1)} & \cdots & \boldsymbol{A}^{(3)} \\ \vdots & \vdots & \ddots & \vdots \\ \boldsymbol{A}^{(n_3)} & \boldsymbol{A}^{(n_3-1)} & \cdots & \boldsymbol{A}^{(1)} \end{bmatrix} \tag{8.2}$$

还定义如下操作:

$$\mathrm{unfold}(\boldsymbol{A}) = \begin{bmatrix} \boldsymbol{A}^{(1)} \\ \boldsymbol{A}^{(2)} \\ \vdots \\ \boldsymbol{A}^{(n_3)} \end{bmatrix}, \mathrm{fold}[\mathrm{unfold}(\boldsymbol{A})] = \boldsymbol{A} \tag{8.3}$$

两个三维张量之间的 t-product 定义如下[79]:

定义 8.1.1(t-product):对于张量 $A \in \boldsymbol{R}^{n_1 \times n_2 \times n_3}$ 和 $\boldsymbol{B} \in \boldsymbol{R}^{n_2 \times l \times n_3}$,t-product $A * B$ 为:

$$\boldsymbol{A} * \boldsymbol{B} = \mathrm{fold}[\mathrm{bcirc}(\boldsymbol{A}) \cdot \mathrm{unfold}(\boldsymbol{B})] \tag{8.4}$$

其大小为 $n_1 \times l \times n_3$。

定义 8.1.2(共轭转置):$n_1 \times n_2 \times n_3$ 的张量 A,其共轭转置是大小为 $n_2 \times n_1 \times n_3$ 的张量 A^*。

定义 8.1.3(单位张量):对于三维张量,如果满足第一个正面切片是一个 $n \times n$ 的单位矩阵,并且其他切片均为0时,则称这个张量为单位张量 $\boldsymbol{I} \in \boldsymbol{R}^{n \times n \times n_3}$。

定义 8.1.4(正交张量):如果一个张量 $\boldsymbol{Q} \in \boldsymbol{R}^{n \times n \times n_3}$ 满足下面的条件,则称它为正交张量。

$$\boldsymbol{Q}^* * \boldsymbol{Q} = \boldsymbol{Q} * \boldsymbol{Q}^* = \boldsymbol{I} \tag{8.5}$$

定义 8.1.5(*F*-对角张量):如果一个张量是 F 对角张量,那么它的每一个正面切片都必须是对角矩阵。

定理 8.1.1(T-SVD):对于张量 $\boldsymbol{A} \in \boldsymbol{R}^{n_1 \times n_2 \times n_3}$,它的 T-SVD 分解为:

$$\boldsymbol{A} = \boldsymbol{U} * \boldsymbol{S} * \boldsymbol{V}^* \tag{8.6}$$

其中，$\boldsymbol{U} \in \boldsymbol{R}^{n_1 \times n_1 \times n_3}$，$\boldsymbol{V} \in \boldsymbol{R}^{n_2 \times n_2 \times n_3}$ 是正交的，$\boldsymbol{S} \in \boldsymbol{R}^{n_1 \times n_2 \times n_3}$ 是一个对角张量。$n_1 \times n_2 \times n_3$ 张量的 SVD 分解如图 8.1 所示。注意，基于傅里叶变换域中的矩阵 SVD 可以有效地计算 T-SVD。这依赖于在傅里叶域内块循环矩阵可以映射到块对角矩阵这一重要性质。

$$(\boldsymbol{F}_{n_3} \otimes \boldsymbol{I}_{n_1}) \cdot \mathrm{bcirc}(\boldsymbol{A}) \cdot (\boldsymbol{F}_{n_3}^{-1} \otimes \boldsymbol{I}_{n_2}) = \bar{\boldsymbol{A}} \tag{8.7}$$

式中：$\boldsymbol{F}_{n_3}$ 为 $n_3 \times n_3$ 的离散傅里叶变换矩阵；$\otimes$ 为 Kronecker 积。

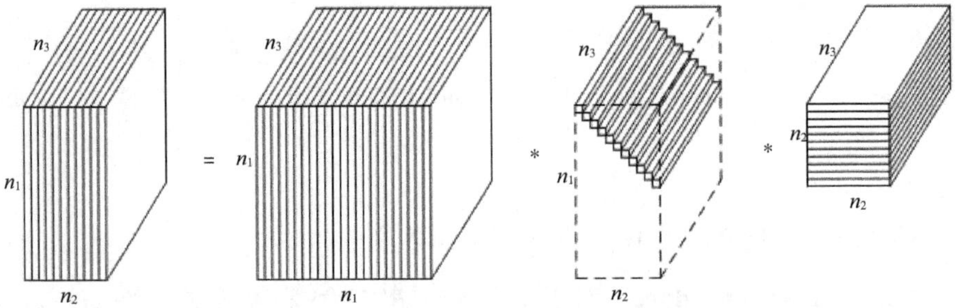

图 8.1　$n_1 \times n_2 \times n_3$ 张量的 SVD 分解

定义 8.1.6（张量的多秩和管秩）：$\boldsymbol{A} \in \boldsymbol{R}^{n_1 \times n_2 \times n_3}$ 的多秩是一个 $\boldsymbol{r} \in \boldsymbol{R}^{n_3}$ 向量，它的第 i 个元素是 $\bar{\boldsymbol{A}}$ 第 i 个正面切片的秩：$r_i = \mathrm{rank}(\bar{\boldsymbol{A}}^{(i)})$。张量的管秩 $\mathrm{rank}_t(\boldsymbol{A})$ 定义为 $\boldsymbol{S}$ 中非零奇异管的数目，即：

$$\mathrm{rank}_t(\boldsymbol{A}) = \#\{i : \boldsymbol{S}(i,i,:) \neq 0\} = \max_i r_i \tag{8.8}$$

定义 8.1.7（张量的核范数）：张量 $\boldsymbol{A} \in \boldsymbol{R}^{n_1 \times n_2 \times n_3}$ 的核范数 $\|\boldsymbol{A}\|_*$ 定义为 $\bar{\mathbf{A}}$ 所有正面切片核范数的平均值，例如：

$$\|\boldsymbol{A}\|_* := \frac{1}{n_3} \sum_{i=1}^{n_3} \|\bar{\boldsymbol{A}}^{(i)}\|_* \tag{8.9}$$

上述张量核范数是定义在频域中的，它与空域中块循环矩阵的核范数密切关联：

$$\begin{aligned}\| \mathcal{A} \|_* &= \frac{1}{n_3}\sum_{i=1}^{n_3} \| \bar{A}^{(i)} \|_* = \frac{1}{n_3} \| \bar{A} \|_* \\ &= \frac{1}{n_3} \| (F_{n_3} \otimes I_{n_1}) \cdot bcirc(\mathcal{A}) \cdot (F_{n_3}^{-1} \otimes I_{n_2}) \|_* \\ &= \frac{1}{n_3} \| bcirc(\mathcal{A}) \|_*\end{aligned} \tag{8.10}$$

定义 8.1.8(张量谱范数)：张量 $\mathcal{A} \in \boldsymbol{R}^{n_1 \times n_2 \times n_3}$ 的谱范数 $\| \mathcal{A} \|$ 定义为：$\| \mathcal{A} \| := \| \bar{A} \|$ 。

定义 8.1.9(标准张量基)：张量的列基 $\mathring{e}_i$ 是一个 $n \times 1 \times n_3$ 的张量，它的第 $(i,1,1)$ 个元素等于 1，其余元素均等于 0。行基 $\mathring{e}_i^*$ 是列基的转置。管基 $\dot{e}_k$ 是一个 $1 \times 1 \times n_3$ 的张量，它的第 $(1,1,k)$ 个元素等于 1，其余元素均等 0。为了简单起见，定义 $e_{ijk} = \mathring{e}_i * \dot{e}_k * \mathring{e}_j^*$ 。对任意 $\mathcal{A} \in \boldsymbol{R}^{n_1 \times n_2 \times n_3}$，有 $\mathcal{A} = \sum_{ijk} \langle e_{ijk}, \mathcal{A} \rangle e_{ijk} = \sum_{ijk} a_{ijk} e_{ijk}$ 。

所提算法流程图见图 8.2。

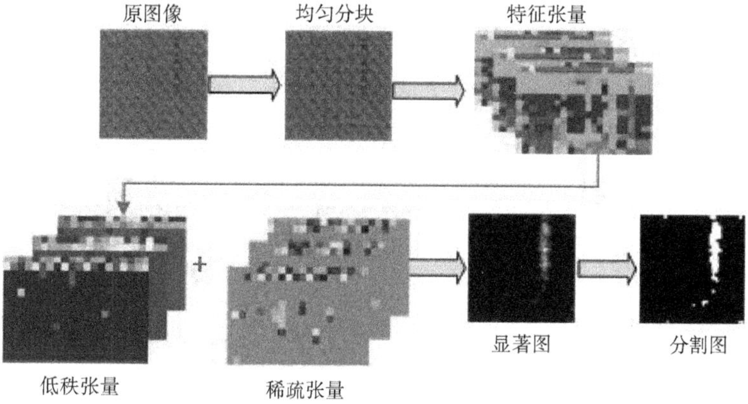

图 8.2　所提算法流程图

8.2　所提算法

该算法由四个步骤组成：二阶多通道特征提取；TRPCA 的模型构建；模型优

化;显著图生成和分割(图 8.2)。

8.2.1 二阶多通道特征提取

具体方法参见 7.1 节。

8.2.2 TRPCA 模型构建

对于生成的多通道特征张量 $\boldsymbol{F} \in \boldsymbol{R}^{N\times d\times c}$ (N 为图像块数, d 为特征维数, c 为通道数),构造一个有效的 TRPCA 模型来将其分解为低秩分量和稀疏分量,其中低秩分量表示正常背景纹理,稀疏分量表示疵点区域信息。详细模型构建如下:

$$\min_{L,S} \|\boldsymbol{L}\|_* + \lambda \|\boldsymbol{S}\|_1 s.t. \boldsymbol{F} = \boldsymbol{L} + \boldsymbol{S} \tag{8.11}$$

根据式(8.9)的张量核范数的定义,模型式(8.11)中的优化可以改写如下:

$$\begin{gathered}\min_{L,S} \|\boldsymbol{L}\|_* + \lambda \|\boldsymbol{S}\|_1 = \frac{1}{n_3}\sum_{i=1}^{n_3}\eta_l \|\boldsymbol{L}^{(i)}\|_* + \frac{1}{n_3}\sum_{i=1}^{n_3}\lambda_l \|\boldsymbol{S}^{(i)}\|_1 \\ s.t. \boldsymbol{F} = \boldsymbol{L} + \boldsymbol{S}\end{gathered} \tag{8.12}$$

通过求解下面的对偶问题来求解式(8.12):

$$\min_{L,S} \frac{1}{2\gamma} \|\boldsymbol{F} - \boldsymbol{L} - \boldsymbol{S}\|_F^2 + \sum_{i=1}^{n_3}\eta_l \|\boldsymbol{L}^{(i)}\|_* + \sum_{i=1}^{n_3}\lambda_l \|\boldsymbol{S}^{(i)}\|_1 \tag{8.13}$$

然而,由于核范数和 l_1 范数约束是相互依赖的,因此方程式(8.13)中的这个优化问题也是难以处理的。为简单起见,引入两个辅助矩阵,它们的大小与 $\boldsymbol{L}$ 或 $\boldsymbol{S}$ 的第 i 个切片的展开的大小相同,则将公式重新改写为:

$$\begin{gathered}\min_{L,S,M_i,N_i} \frac{1}{2\gamma} \|\boldsymbol{F} - \boldsymbol{L} - \boldsymbol{S}\|_F^2 + \sum_{i=1}^{n_3}\eta_l \|\boldsymbol{M}_i\|_* + \sum_{i=1}^{n_3}\lambda_l \|\boldsymbol{N}_i\|_1 \\ s.t. \forall i, \boldsymbol{P}_i\boldsymbol{L} = \boldsymbol{M}_i, \boldsymbol{P}_i\boldsymbol{S} = \boldsymbol{N}_i\end{gathered} \tag{8.14}$$

式中: $\boldsymbol{P}_i$ 是第 $\boldsymbol{i}$ 个切片展开的矩阵表示,它是一个转置矩阵,因此 $\boldsymbol{P}_i^{\mathrm{T}}\boldsymbol{P}_i = \boldsymbol{I}$ 。

8.2.3 优化过程

ADMM 算法[60]已被广泛用于结构化凸优化问题求解中,因此,本书采用了张量恢复 ADMM 算法来求解构建的张量低秩分解模型(称为 TR-ADMM)。

模型式(8.14)的求解可以通过最小化下面的增广拉格朗日函数求解：

$$\begin{aligned}\mathcal{L}(\boldsymbol{L},\boldsymbol{S},\boldsymbol{M}_i,\boldsymbol{N}_i) &= \frac{1}{2\gamma}\|\boldsymbol{F}-\boldsymbol{L}-\boldsymbol{S}\|_F^2 \\ &+ \sum_{i=1}^{n_3}\left(\eta_i\|\boldsymbol{M}_i\|_* + \langle \boldsymbol{Y}_i,\boldsymbol{P}_i\boldsymbol{L}-\boldsymbol{M}_i\rangle + \frac{\alpha_i}{2}\|\boldsymbol{P}_i\boldsymbol{L}-\boldsymbol{M}_i\|_F^2\right) \\ &+ \sum_{i=1}^{n_3}\left(\lambda_i\|\boldsymbol{N}_i\|_1 + \langle \boldsymbol{Z}_i,\boldsymbol{P}_i\boldsymbol{S}-\boldsymbol{N}_i\rangle + \frac{\beta_i}{2}\|\boldsymbol{P}_i\boldsymbol{S}-\boldsymbol{N}_i\|_F^2\right)\end{aligned} \tag{8.15}$$

式中：$\boldsymbol{Y}_i,\boldsymbol{Z}_i$ 是拉格朗日乘数，α_i,β_i 是惩罚参数。接下来，我们将详细描述 ADMM-TR 方法。

更新 $\boldsymbol{M}_i$：固定其他变量，通过下面的子问题求解 $\boldsymbol{M}_i$ 的最优解：

$$\min_{\boldsymbol{M}_i}\eta_i\|\boldsymbol{M}_i\|_* + \langle \boldsymbol{Y}_i,\boldsymbol{P}_i\boldsymbol{L}-\boldsymbol{M}_i\rangle + \frac{\alpha_i}{2}\|\boldsymbol{P}_i\boldsymbol{L}-\boldsymbol{M}_i\|_F^2 \tag{8.16}$$

参考文献[59]，最优解可以通过以下方式获得：

$$\boldsymbol{M}_i^* = \boldsymbol{U}_i\boldsymbol{D}_{\eta_1/\alpha_i}(\Lambda)\boldsymbol{V}_i^{\mathrm{T}} \tag{8.17}$$

其中奇异值分解(Singular value decomposition，SVD)由式(8.18)给出，$D_\tau(x)$ 是式(8.19)定义的“收缩”操作符。

$$\boldsymbol{U}_i\Lambda\boldsymbol{V}_i^{\mathrm{T}} = \boldsymbol{P}_i\boldsymbol{L} + \frac{\boldsymbol{Y}_i}{\alpha_i} \tag{8.18}$$

$$D_\tau(x) = \begin{cases} x-\tau & if x > \tau \\ x+\tau & if x < -\tau \quad\quad \tau > 0 \\ 0 & otherwise \end{cases} \tag{8.19}$$

更新 $\boldsymbol{N}_i$：固定其他变量，通过下面的子问题求解 $\boldsymbol{N}_i$ 的最优解：

$$\min_{\mathrm{N}_i}\lambda_i\|\boldsymbol{N}_i\|_1 + \langle \boldsymbol{Z}_i,\boldsymbol{P}_i\boldsymbol{S}-\boldsymbol{N}_i\rangle + \frac{\beta_i}{2}\|\boldsymbol{P}_i\boldsymbol{S}-\boldsymbol{N}_i\|_F^2 \tag{8.20}$$

式(8.20)的最优解可以通过熟知的 l_1 范数最小化求解：

$$\boldsymbol{N}_i^* = D_{\lambda_i/\beta_i}\left(\boldsymbol{P}_i\boldsymbol{S} + \frac{\boldsymbol{Z}_i}{\beta_i}\right) \tag{8.21}$$

更新 $\boldsymbol{L}_i$：固定其他变量，通过下面的子问题求解 $\boldsymbol{L}_i$ 的最优解：

$$\min_{L} \mathcal{L}(\boldsymbol{L}) = \frac{1}{2\gamma} \| \boldsymbol{F} - \boldsymbol{L} - \boldsymbol{S} \|_F^2 + \sum_{i=1}^{n_3} \left(\langle \boldsymbol{Y}_i, \boldsymbol{P}_i \boldsymbol{L} - \boldsymbol{M}_i \rangle + \frac{\alpha_i}{2} \| \boldsymbol{P}_i \boldsymbol{L} - \boldsymbol{M}_i \|_F^2 \right) \tag{8.22}$$

$\boldsymbol{L}_{\min}$ 可以通过 $\partial L(\boldsymbol{L})/\partial \boldsymbol{L}$ 得到，因为目标函数是可微的。因此 $\boldsymbol{L}_i$ 的最小值为：

$$\boldsymbol{L}_{\min}^* = \frac{\left\{ \boldsymbol{F} - \boldsymbol{S} - \gamma \sum_{i=1}^{n} \boldsymbol{P}_i (\boldsymbol{Y}_i - \alpha_i \boldsymbol{M}_i) \right\}}{1 + \gamma \sum_{i=1}^{n} \alpha_i} \tag{8.23}$$

更新 $\boldsymbol{S}_i$：类似的，我们通过下面公式求解 $\boldsymbol{S}_i$ 最小值问题：

$$\boldsymbol{S}_{\min}^* = \frac{\left\{ \boldsymbol{F} - \boldsymbol{L} - \gamma \sum_{i=1}^{n} \boldsymbol{P}_i^T (\boldsymbol{Z}_i - \alpha_i \boldsymbol{N}_i) \right\}}{1 + \gamma \sum_{i=1}^{n} \beta_i} \tag{8.24}$$

8.2.4 显著图生成和分割

假设 $\{\boldsymbol{S}_1^*, \boldsymbol{S}_2^*, \cdots, \boldsymbol{S}_{n_3}^*\}$ 是式(8.14)的最优解，通过量化稀疏矩阵的响应来获得第 i 个图像块 B_i 的显著性得分：

$$\text{sal}(B_i) = \sum_{j=1}^{n_3} \| \boldsymbol{S}_j^*(:, i, j) \|_1 \tag{8.25}$$

图像块 B_i 的显著性和 $\text{sal}(B_i)$ 的值成正比例相关，$\text{sal}(B_i)$ 值越大，显著性越大。最后采用自适应阈值分割算法对显著图进行分割，从而定位出疵点的位置。

8.3 实验结果及分析

为了验证所提算法对不同织物图像的检测效果，从 TILDA 织物纹理数据库和香港大学模式织物图像库中随机选出几类常见的疵点织物图像(包括圆点型断纱、圆点型多网、星型破洞、星型粗纬、方格型破洞等)。实验运行的硬件环境为 Intel(R) Core(TM) i5. 4570,8G 内存计算机,软件环境为 Matlab R2016a。织物图片的大小为 256pixel × 256pixel ,图像块的大小为 16pixel × 16pixel 。

8. 3. 1　定性分析

首先将本章的所提的张量低秩分解算法和第二章联合低秩表示算法进行比较,如图 8. 3 和图 8. 4 所示。图 8. 3 中第一行为原始织物图像,第二行为联合低秩表示方法生成的疵点显著图,第三行为本章所提方法生成的疵点显著图。图 8. 4 中第一行为原始织物图像,第二行为联合低秩表示算法经阈值分割后的检测结果图,第三行为张量低秩分解经阈值分割后的检测结果图,第四行为真值图像。

从图 8. 3 和图 8. 4 可以看出,对于星型和盒子型模式织物,本章所提算法和联合低秩表示算法均能正确检测出疵点位置,经阈值分割后所提算法定位的疵点图更加接近图像的真值图。但是对于点型模式织物,所提算法方法检测结果要低于联合低秩表示方法,虽然显著图能粗略显示出疵点的大概位置,但是检测的疵点不连续,经阈值分割不能准确定位出疵点的位置。虽然该算法的总体检测性能略低于联合低秩表示算法,但是它的求解速度却是联合低秩表示算法的 1/3。

本章所提算法是对 RPAC 模型的扩展,笔者和 RPCA 方法、SNN[80] 方法进行比较,如图 8. 5 所示。在使用 RPCA 算法时,把多个通道特征矩阵张成一个特征向量进行分解。第一行是原始织物图片,第二~第四行分别是 RPCA,SNN 和所提方法所生成的显著图,第五行是所提方法经阈值分割后的检测结果,第六行是真值图。RPCA 不论是简单纹理图像还是复杂的模式纹理图像,显著图中都能勾勒出疵点的具体位置,但是含有大量的噪声,会对最终结果产生不良影响。SNN 方法对简单纹理的织物图片效果很好,对点型模式织物和星型模式织物也具有一定的效果,但是对于方格型模式织物则完全失效。所提方法几乎能检测出所有图像的疵点,其所得的最终结果和真值图最接近,误差最小。

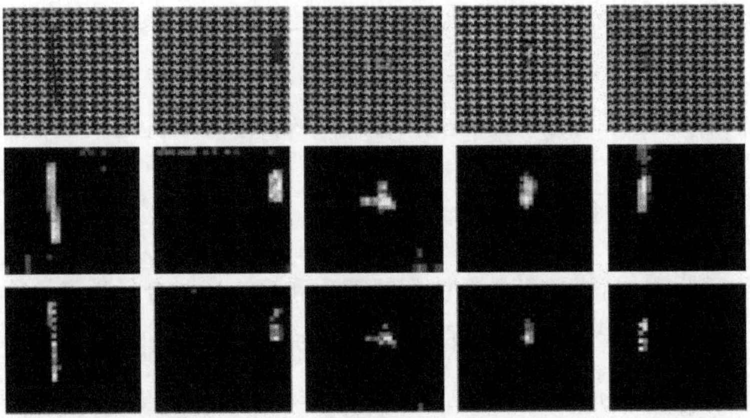

（a）星型模式疵点显著图

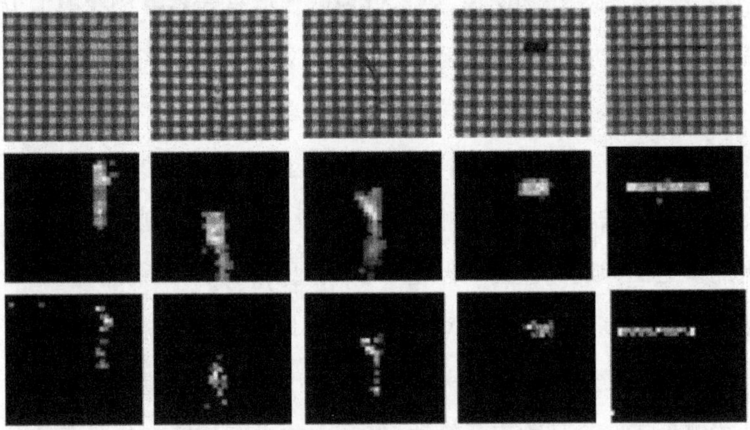

（b）盒子型模式织物疵点显著图

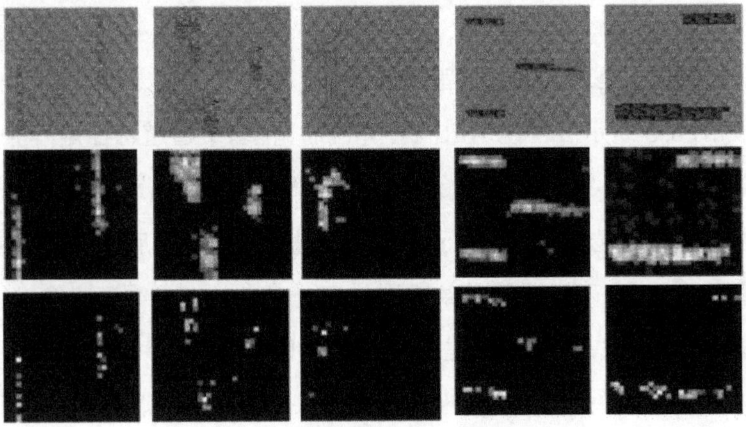

（c）点型模式织物疵点显著图

图 8.3　模式织物图像及显著图

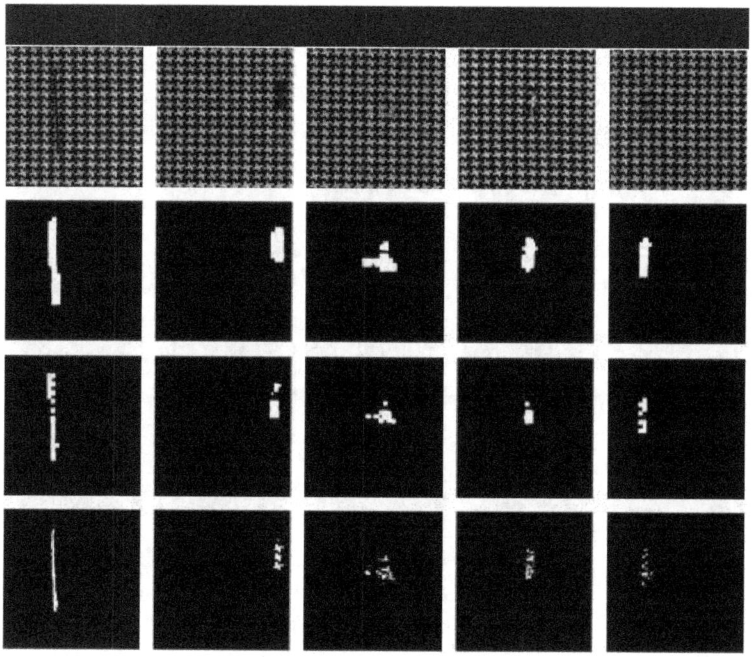

（a）星型模式织物分割检测结果

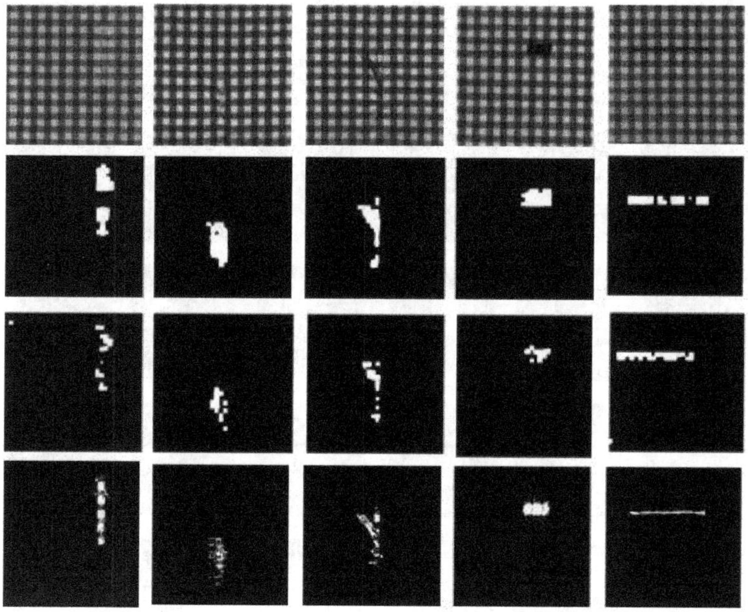

（b）盒子型模式织物分割检测结果

图 **8.4**

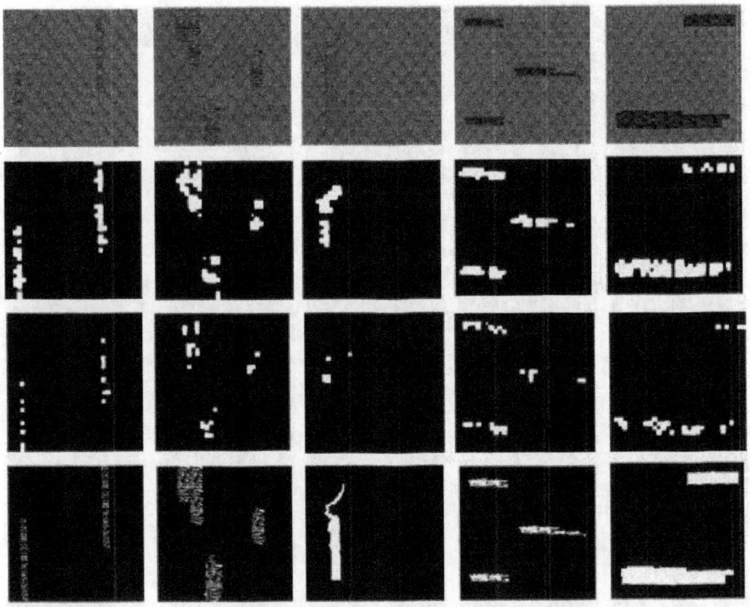

（c）点型模式织物分割检测结果

图 **8.4** 模式织物图像分割结果

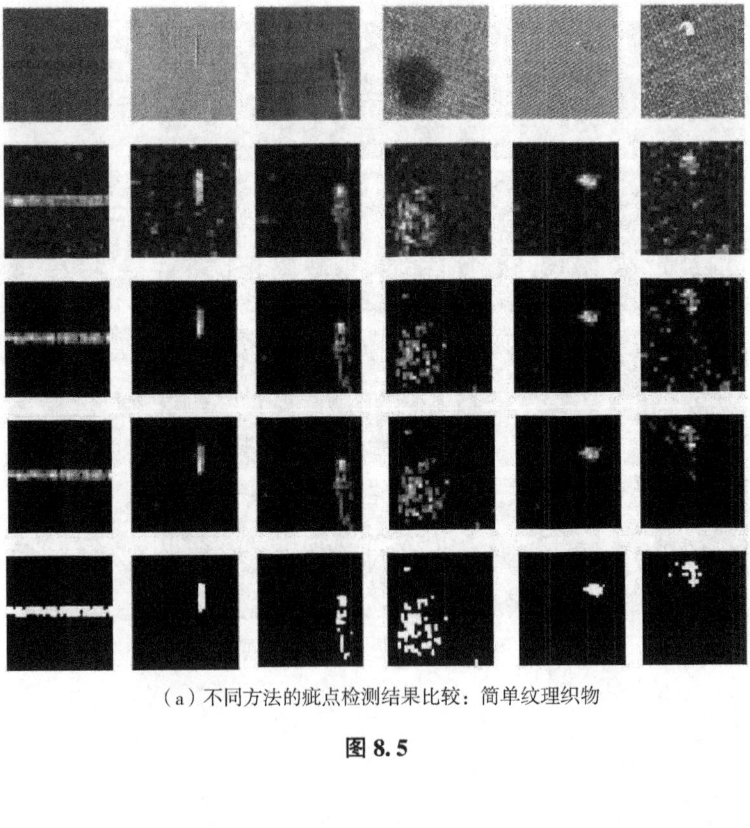

（a）不同方法的疵点检测结果比较：简单纹理织物

图 8.5

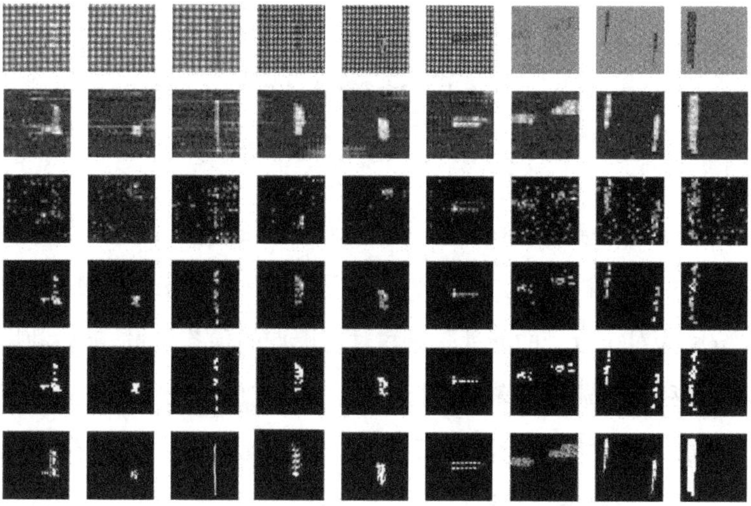

（b）不同方法的疵点检测结果比较：模式纹理织物

图 8.5　检测结果比较

8.3.2　定量分析

最后采用 ROC 曲线作为衡量指标，进一步评估所提出算法的性能，如图 8.6 所示。图 8.6 从左到右分别是星型、方格形、点型模式织物的 ROC 曲线。可以看出，对于星型和盒子型模式织物，我们提出的方法表现性能最优。然而，就点型模式而言，所提方法仅次于 PRCA，总体而言，所提方法性能还是最优的。

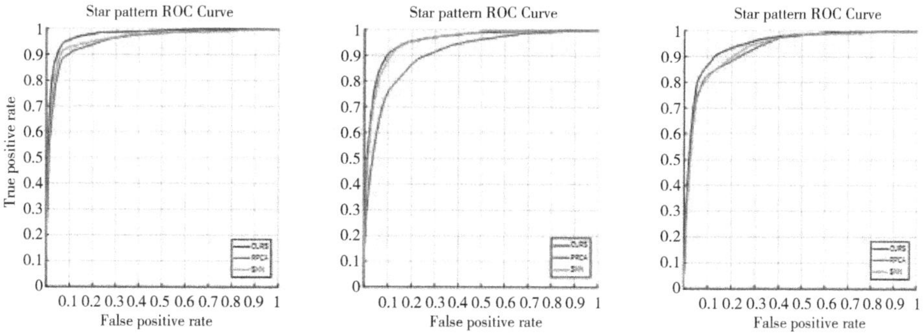

图 8.6　几种不同方法的 ROC 曲线图

8.4 本章小结

本章提出了一种多通道特征和张量低秩分解的织物疵点检测方法。首先是采用第 2 章的特征提取方法构建特征张量;然后通过张量低秩分解模型,把特征张量分解为对应背景的低秩张量和对应疵点的稀疏张量,最后利用阈值分割算法对稀疏张量生成的显著图进行分割,从而定位出疵点的位置。实验结果表明,该方法用于织物疵点检测是可行的,虽然在检测效果上略逊于联合低秩表示方法,但是其求解速度是联合低秩表示的 1/3,达到了快速求解的目的。

第9章　基于级联低秩分解的织物疵点检测算法

在前面的章节中,我们分别介绍了多通道特征和联合低秩表示模型、张量低秩分解模型相结合的疵点检测算法。这两种算法虽然适用于多种特征的融合,但是它们要求特征向量的维度必须一致。当使用不同维度的特征进行融合时,这两种低秩分解模型将不再适用,缺乏自适应性。而且现有的低秩分解模型大都是为了检测自然场景中的目标设计的,对织物疵点的检测效果还有待于提高。

因此,为了提高织物疵点检测算法的自适应性和检测效果,笔者提出了一种基于级联低秩分解的织物疵点检测算法。由于正常织物图像具有复杂的纹理特征和特定的方向信息,纹理特征和方向特征的有效提取对最终的检测结果至关重要。首先,对织物图像进行均匀分块,分别提取每个图像块的 textons 特征和 Gabor 特征对织物的纹理特征和方向特征进行表征。其次,构建级联低秩分解模型,将 Gabor 特征的先验知识与 textons 纹理特征空间的全局结构结合起来,提升显著图的准确度和清晰读,提高方法的有效性。最后,通过改进的自适应阈值分割算法对生成的显著图进行分割,定位疵点位置。

9.1　所提算法

所提算法分为四步:特征提取,级联低秩分解模型构建,模型优化,自适应阈值分割算法定位疵点位置。算法流程如图 9.1 所示。

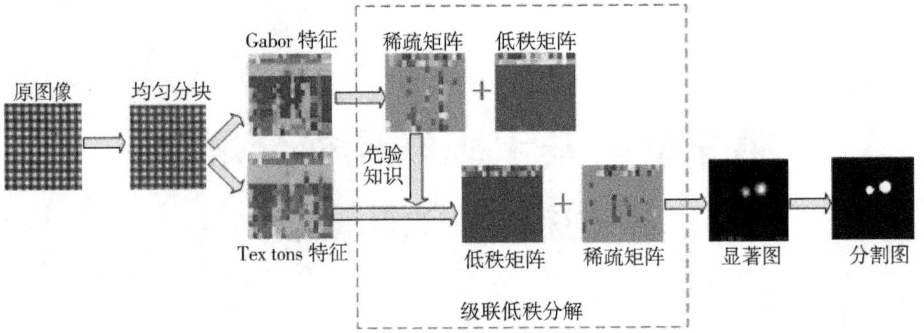

图 9.1 所提算法流程图

9.1.1 图像分割和特征提取

首先是把输入图像 I 分成大小为 $m \times m$ 的图像块。

(1)Textons 纹理特征提取。对于每个图像块 B_i ,我们计算每个像素 p_j 的 8 维 textons 纹理特征 $\boldsymbol{t}_j$ [81],图像块 B_i 的特征向量定义为：

$$\boldsymbol{x}_i = \frac{1}{|B_i|}\sum_{p_j \in B_i} \boldsymbol{t}_j \tag{9.1}$$

式中：$|B_i|$ 为 B_i 集的基数,即图像块中像素的个数。令 $\boldsymbol{X} = [\boldsymbol{x}_1, \boldsymbol{x}_2, \cdots, \boldsymbol{x}_N] \in \boldsymbol{R}^{8 \times N}$ 为特征矩阵, N 是图像块的总数。

每个像素的纹理特征 $\boldsymbol{t}_j$ 为该像素与滤波器组卷积生成的响应,这里选择的最大响应滤波器(Maximum Response,MR)组为：

$$\boldsymbol{t}_j = p_j * MR8 \tag{9.2}$$

其中,MR8 滤波器组包括 36 个各向异性滤波器(具有 3 个尺度,6 个方向的边缘滤波器和条形滤波器)和 2 个旋转对称滤波器(高斯滤波器和高斯拉普拉斯滤波器)。滤波器组虽然包含多个方向的滤波器,但是他们的输出仅记录所有方向上的最大滤波器的响应,因此只有 8 个滤波器的响应被记录,这实现了旋转不变性。

采用 MR8 滤波器组有两个目的。首先是降低特征的维数。其次是克服传统旋转不变滤波器的缺陷,它们对定向图像块没有强烈响应,不能为各向异性纹理提供良好的特征。但是,MR8 滤波器组既包含各向同性滤波器,又包含各向异性滤波器,因此 MR8 滤波器组有望为所有类型的纹理图像生成良好的特征。另外,MR8 设置能够记录最大响应的角度,能够计算出定向的高阶共现统计数,这种统计数据有助于区分看起来非常相似的纹理。

在和 MR8 滤波器组进行卷积前,需要对织物图像进行预处理。把每幅图像转换为具有零均值和单位标准差的强度归一化的灰度图像。经过预处理后,提取的织物纹理特征对线性亮度变化具有不变性。

其次,所有的滤波器组都是 ℓ_1 范数归一化的,使得每个滤波器的响应大致位于相同的范围内。也就是说滤波器组内的每一个滤波器 F_i 都要除以 $\| F_i \|$,使得滤波器具有单位 ℓ_1 范数。

最后,受 Malik 等[67]和韦伯定律的启发,每个像素 p_j 处的滤波器响应(对比度)归一化为:

$$\boldsymbol{F}(x) \leftarrow \boldsymbol{F}(x)[\log(1 + L(x)/0.03)]/L(x) \tag{9.3}$$

式中:$L(x) = \| \boldsymbol{F}(x) \|_2$ 为该像素处的滤波器响应向量的幅值。

(2)Gabor 特征提取。Gabor 滤波器与人类大脑皮层简单细胞的视觉刺激响应相似,能够迅速获取检测目标的方向选择性、尺度选择性、空间位置等信息,是时域和频域信号分析的重要工具。在特征提取方面,Gabor 滤波器对光照变化具有良好的适应性,在一定程度上,对图像旋转和变形具有鲁棒性。因此,笔者采用二维 Gabor 滤波器来提取织物图像的方向纹理特征。

二维 Gabor 滤波器复数形式:

$$g(x,y;\lambda,\theta,\psi,\sigma,\gamma) = \exp(-\frac{x'^2 + \gamma^2 y'^2}{2\sigma^2})\exp(i(2\pi \frac{x'}{\lambda} + \psi)) \tag{9.4}$$

其中,实部:$g(x,y;\lambda,\theta,\psi,\sigma,\gamma) = \exp(-\frac{x'^2 + \gamma^2 y'^2}{2\sigma^2})\cos(2\pi \frac{x'}{\lambda} + \psi)$

虚部:$g(x,y;\lambda,\theta,\psi,\sigma,\gamma) = \exp(-\frac{x'^2 + \gamma^2 y'^2}{2\sigma^2})\sin(2\pi \frac{x'}{\lambda} + \psi)$ 。

Gabor 滤波器可以看作是高斯核函数加复正弦函数调制而成。其中, $x' = x\cos\theta + y\sin\theta, y' = -x\sin\theta + y\cos\theta$, λ 为正弦函数的波长, $\theta \in [0,2\pi]$ 为核函

数方向，$\psi \in [-\pi,\pi]$ 为相位偏移，γ 为 x,y 两个方向的纵横比，σ 为高斯函数标准差。

图像 $I(x,y)$ 的 Gabor 特征定义为图像 $I(x,y)$ 与 Gabor 滤波器 $g(x,y;\lambda,\theta,\psi,\sigma,\gamma)$ 的卷积来：

$$O_{s,o}(x,y) = I(x,y) * g(x,y;\lambda,\theta,\psi,\sigma,\gamma) \tag{9.5}$$

卷积输出结果为复数形式，其幅值即为提取的 Gabor 特征值。图 9.2 是一幅图像的 Gabor 特征图。从图 9.2 可以看出，对应相同方向的 Gabor 滤波器提取的特征具有非常相似的特性。

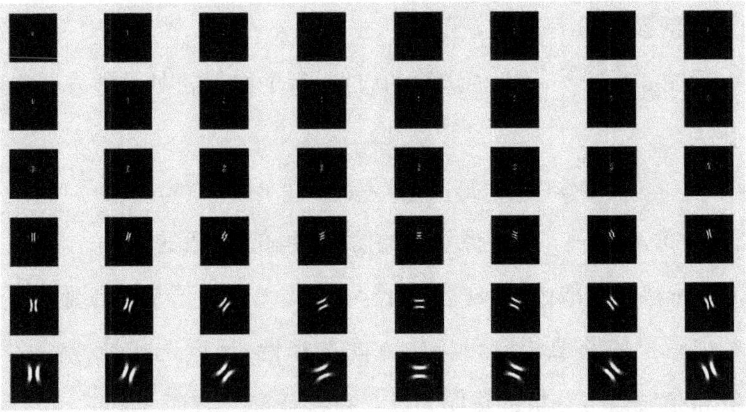

图 9.2　6 个尺度和 8 个方向的 Gabor 滤波器组的实部

具体步骤如下：

（1）织物图像分块：将每块织物图像均匀分割成 16 × 16 的图像块。

（2）Gabor 滤波器构建：选择 8 个尺度，8 个方向，这样共有 64 个滤波器，对每个图像块与 Gabor 滤波器进行卷积，得到 64 个 Gabor 特征图输出。

（3）取图像块的特征均值作为特征向量，得到一个 64 × 1 的特征矩阵。

（4）将所有图像块的特征向量组成一个特征矩阵 $\boldsymbol{F} \in \boldsymbol{R}^{d \times N}$（$N$ 是图像块的个数），用来表征织物图像的方向信息。

9.1.2　级联低秩分解模型构建

正常织物图像背景的特征向量之间通常存在高度的相关性，而疵点与背景区域明显不同。因此，特征矩阵 $\boldsymbol{F}$ 可以通过低秩分解方法分解为低秩矩阵和稀疏矩阵：

$$\min_{L,S}(\|\boldsymbol{L}\|_* + \gamma\|\boldsymbol{S}\|_1)s.t.\boldsymbol{F} = \boldsymbol{L} + \boldsymbol{S} \tag{9.6}$$

式中：l_1 范数定义为矩阵中各元素的绝对值之和；$\gamma = 1/\sqrt{\max(m,n)}$ 是低秩矩阵和稀疏矩阵的平衡因子；m,n 表示特征矩阵的维数；$\boldsymbol{S}$ 代表的疵点部分必须是稀疏的，因为疵点区域只占整个织物图像的很小部分，很好地适应了疵点检测问题。RPCA 模型是个凸优化问题，可以通过非精确的 ALM 方法有效求解。

假设 $\boldsymbol{S}^*$ 是模型式(9.6)的最优解，用式(9.7)度量每个图像块 B_i 的显著性得分，即

$$\mathrm{Sal}(B_i) = \|\boldsymbol{S}_i^*\|_1 \tag{9.7}$$

$\mathrm{Sal}(B_i)$ 的值越大，该图像块是疵点块的可能性就越大。所有图像块的显著性得分构成一个向量 $\boldsymbol{P} \in \boldsymbol{R}^{1\times N}$，我们用该向量作为先验权重。因为先验权重 p_i 的值越大意味着图像块 B_i 是疵点区域的概率越大。每个图像块 B_i 的权重 $\boldsymbol{W}(i,i)$ 定义为：

$$\boldsymbol{W}(i,i) = \exp(-\boldsymbol{P}_i) \tag{9.8}$$

为了获得清晰的显著图，我们提出了一种级联低秩分解模型：

$$\min_{Z,E}\|\boldsymbol{Z}\|_* + \lambda\|\boldsymbol{EW}\|_1 s.t.\boldsymbol{X} = \boldsymbol{Z} + \boldsymbol{E} \tag{9.9}$$

$\boldsymbol{W} \in \boldsymbol{R}^{n\times n}$ 是个对角矩阵，由第一次低秩分解得到的显著性矩阵构建。我们利用矩阵 $\boldsymbol{S}$ 通过抑制背景区域来指导疵点区域 $\boldsymbol{E}$ 。因此当图像块 B_i 被认为是正常背景时，将小的值设置为 $\boldsymbol{W}(i,j)$ 。

9.1.3　模型优化

级联低秩分解模型是个凸优化问题，可以通过乘法器的交替方向方法（Alternating direction method of multipliers，ADMM）有效求解。

模型式(9.9)的求解可以通过最小化下面的增广拉格朗日函数 $\boldsymbol{F}$ 求解：

$$\boldsymbol{F}(\boldsymbol{Z},\boldsymbol{E},\boldsymbol{Y},\beta) = \|\boldsymbol{Z}\|_* + \lambda\|\boldsymbol{E}\boldsymbol{W}\|_1 + \mathrm{Tr}[\boldsymbol{Y}^{\mathrm{T}}(\boldsymbol{X}-\boldsymbol{Z}-\boldsymbol{E})] + \frac{\beta}{2}\|\boldsymbol{X}-\boldsymbol{Z}-\boldsymbol{E}\|_F^2 \tag{9.10}$$

式中：$\boldsymbol{Y}$ 和 $\beta > 0$ 分别为拉格朗日乘数和惩罚参数；Tr 为矩阵的迹。

使用 ADMM 模型交替迭代地搜索最优的 $\boldsymbol{Z},\boldsymbol{E},\boldsymbol{Y}$ 。

更新 $\boldsymbol{Z}$ ：当 $\boldsymbol{E}$ 和 $\boldsymbol{Y}$ 固定时，第 $k+1$ 次迭代时，$\boldsymbol{Z}^{k+1}$ 可以通过下面公式求解：

$$\begin{aligned}\boldsymbol{Z}^{k+1} &= \underset{\boldsymbol{Z}}{\mathrm{argmin}}(\boldsymbol{Z}^k,E^k,\boldsymbol{Y}^k,\beta^k)\\ &= \underset{\boldsymbol{Z}}{\mathrm{argmin}}\left(\|Z\|_* - \mathbf{Tr}\left[(\boldsymbol{Y}^k)^T\boldsymbol{Z} + \frac{\beta_k}{2}\|\boldsymbol{X}-\boldsymbol{L}-\boldsymbol{S}^k\|_F^2\right]\right.\end{aligned} \tag{9.11}$$

由于式(9.11)中的 Z^{k+1} 没有封闭形式的解，借助于加速近邻梯度算法求解其近似解[36]。

更新 $\boldsymbol{E}$ ：当 $\boldsymbol{Z}$ 和 $\boldsymbol{Y}$ 固定时，我们得到以下最小化问题：

$$\boldsymbol{E}^{k+1} = \underset{S}{\mathrm{argmin}}\left(\lambda\|\boldsymbol{E}\boldsymbol{W}\|_1 - \mathbf{Tr}((\boldsymbol{Y}^k)^{\mathrm{T}}\boldsymbol{E}\boldsymbol{W}) + \frac{\beta}{2}\|\boldsymbol{X}-\boldsymbol{Z}-\boldsymbol{S}\|_F^2\right) \tag{9.12}$$

$\boldsymbol{E}^{k+1}$ 的封闭解如下所示：

$$\boldsymbol{E}^{k+1} = \mathrm{shirink}\left[\frac{1}{\beta^k}\boldsymbol{Y}^k + (\boldsymbol{X}-\boldsymbol{L}^{k+1}),\frac{\lambda}{\beta^k}\right] \tag{9.13}$$

其中 shrink(·) 是软阈值函数：

$$\mathrm{shrink}(\boldsymbol{X},t) = \mathrm{sign}(\boldsymbol{X})\max[\mathrm{abs}(\boldsymbol{X}) - t,0] \tag{9.14}$$

更新 $\boldsymbol{Y}$ ：通过一下公式获得 $\boldsymbol{Y}_i^k$

$$\boldsymbol{Y}^{k+1} = \boldsymbol{Y}^k + \beta^k(\boldsymbol{X}-\boldsymbol{Z}) - \boldsymbol{E}^{k+1} \tag{9.15}$$

最后，式(9.9)模型的求解算法可以总结为**算法 9.1**。

算法 9.1　ADMM 算法求解(9.9)模型

输入：$\boldsymbol{X} \in \boldsymbol{R}^{d\times N}, \boldsymbol{\lambda}>0$

初始化：$L^1=0, S^1=0, Y^1=0, \beta^1=0.1, \beta_{max}=10^{10}, \rho=1.1, k=1$

当不收敛时：

通过式(9.11)更新 Z^{k+1}；

通过式(9.12)更新 E^{k+1}；

通过(9.15)更新 Y^k；

$\beta^{k+1} = \min(\rho\beta^k, \beta_{max})$；

$k = k + 1$；

结束

输出：Z^{k+1}, E^{k+1}

9.1.4　显著图生成与分割

经过 ADMM 算法求得稀疏矩阵 E 以后，通过求 E 的 l_1 范数来表示每一个图像块的显著度，即

$$S(B_i) = \| E \|_1 \tag{9.16}$$

$S(B_i)$ 的值越大，图像块 B_i 是疵点的可能性就越大，由此生成疵点的显著图 S 。

然后我们对得到的显著图进行高斯平滑滤波，得到新得显著图 $\hat{S}$ ：

$$\hat{S} = g * (S \circ S) \tag{9.17}$$

式中：g 为高斯平滑滤波器；$\circ$ 表示哈达玛内积；$*$ 为卷积操作。

最后通过自适应的阈值分割算法对显著图 $\hat{S}$ 进行分割获得疵点的具体位置。具体来说，如果像素 p_j 的显著值大于阈值，则认为像素 p_j 是疵点。

9.2　实验结果与分析

为了验证本书所提算法对不同织物图像的检测效果，从现有的织物图像库

里随机挑选出几种常见的带有疵点的织物图像(包括断纱、多网、破洞、粗纬等)进行检测。实验中使用的测试图像来自 TILDA 织物纹理数据库和香港大学模式图像数据库。实验运行的硬件环境为 Intel(R) Core(TM) i5. 4570, 8G 内存计算机,软件环境为 Matlab R2016a。织物图片的大小为 256 × 256,图像块的大小为 16 × 16。

9.2.1 定性分析

所提算法的一个重要参数是式(9.13)中低秩矩阵和稀疏矩阵的平衡因子 λ 。不同 λ 下生成的显著图如图 9.3 所示。从结果可以看出,λ 越小,将图像块定义为显著块的可能性越大。但是,本书所提的联合低秩分解模型在大范围的参数设置下运行良好,当参数范围从 0.25~1 时,生成的显著图几乎是不变的。综合考虑,选择 $\lambda = 0.5$。

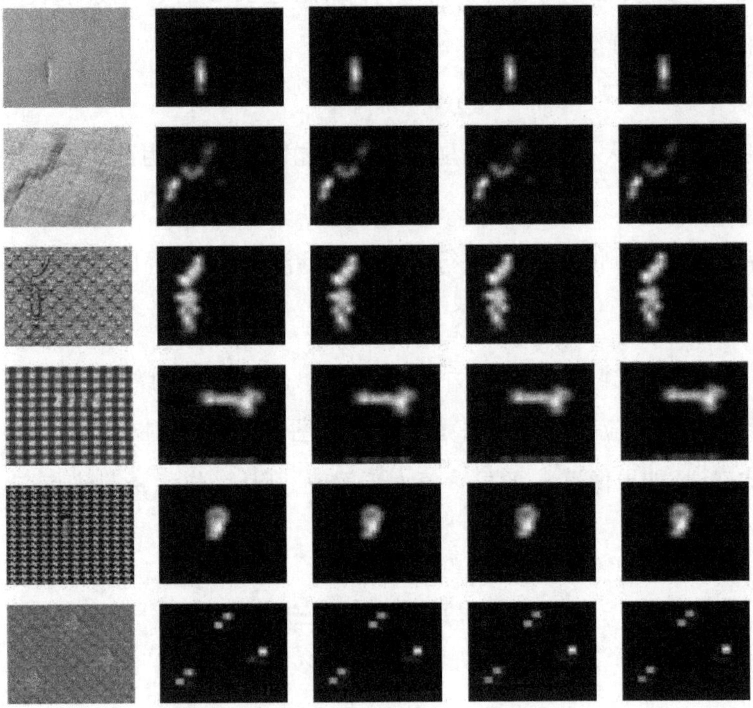

图 9.3 对参数 λ 的敏感度(从左到右:$\lambda = 0.25, 0.5, 0.75, 1$)

首先证明所提级联低秩分解方法比单一低秩分解方法的效果要好。所提方法分别和 textons 纹理特征进行低秩分解，Gabor 特征进行低秩分解进行比较，如图 9.4 所示。图 9.4 第一列是原始织物图像，第二列是 textons 特征低秩分解生成的显著图。从图中可以看出，该方法可以粗略定位出疵点的位置。第三列是 Gabor 特征低秩分解生成的显著图，其检测效果比 textons 略好，但是显著图里包含有噪声。第四列和第五列是本文所提方法生成的显著图和经阈值分割后的检测结果图，受到权重项的影响，即使在权重显著图中包含噪声，所提方法也能获得清晰和准确的显著图。所提方法的定位效果最好，可以清晰定位疵点位置。

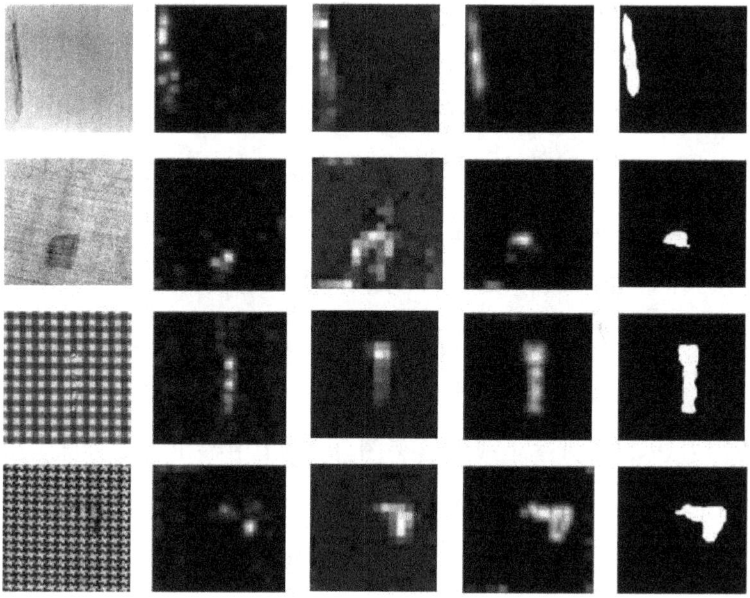

图 9.4　所提方法和单一低秩分解模型检测结果比较

织物疵点检测算法首先生成显著图，然后通过阈值分割算法定位疵点位置。图 9.5 为所提方法与同领域其他目标检测方法的比较，图 9.5(a) 为简单纹理织物图像在不同方法下生成的显著图，图 9.5(b) 为模式织物图像在不同方法下生成的显著图，包括：文献[35] 所提的统一低秩矩阵恢复的显著性检测方法

(Unified low rank matrix recovery, ULR), 文献[65]所提的基于小波变化的显著性检测方法(Wavelet transform, WT)和文献[40]所提的基于先验知识指导的最小平方回归方法的织物疵点检测(Prior knowledge guided least square regression, PGLSR)。

图9.5中,第一行为原始织物图像。第二行为ULR方法生成的显著图,ULR方法将传统的低级特征与高级先验知识结合起来,提出了一个统一的低秩恢复模型以检测显著目标。为了确保有效性,该模型除了引入特征空间的线性变换外,还将更高层次的知识融合在一起构成先验图,并把它视为目标函数中先验项来提高检测效果。该方法在自然场中显著性目标检测取得了很好的效果,但是对于平纹和斜纹等简单纹理的织物图像,大致能检测出疵点的位置和形状,对于模式织物该方法则完全失效。

第三行为WT方法生成的显著图,WT方法首先利用小波变换建立多尺度特征图,该特征图可以表示边缘到纹理的不同特征。然后,从这些特征提出了显著图的计算模型,旨在通过调整特征计算的全局显著性的位置处的局部对比度。该方法获得的显著图可以识别大多数简单纹理织物的疵点的区域,对于模式织物图片的检测效果还有待提高。而且,显著图的对比度较低,对于大块的织物疵点,很难定义合适的阈值来定位疵点。

第四行为PGLSR方法生成的显著图,PGLSR中提出了一种无监督模型来检测具有不同纹理的织物图片中的疵点。该方法不仅考虑特征空间的全局结构,而且通过所提的子空间分割模型将局部先验无缝地结合到该特征空间中,以指导和改善检测效果。该方法对大多数简单纹理织物和模式纹理织物均有很好的检测效果,但是对于随机纹理的织物图片效果一般。

第五行为本章所提方法生成的显著图,第六行为阈值分割后定位的疵点位置图。与其他方法相比,笔者所提的方法生成的显著图更加准确清晰。当疵点区域较小并且与背景区域之间的对比度较低时,所有其他方法倾向于失败,该方法却能很好地检测到疵点,如图9.5(b)第二列所示。

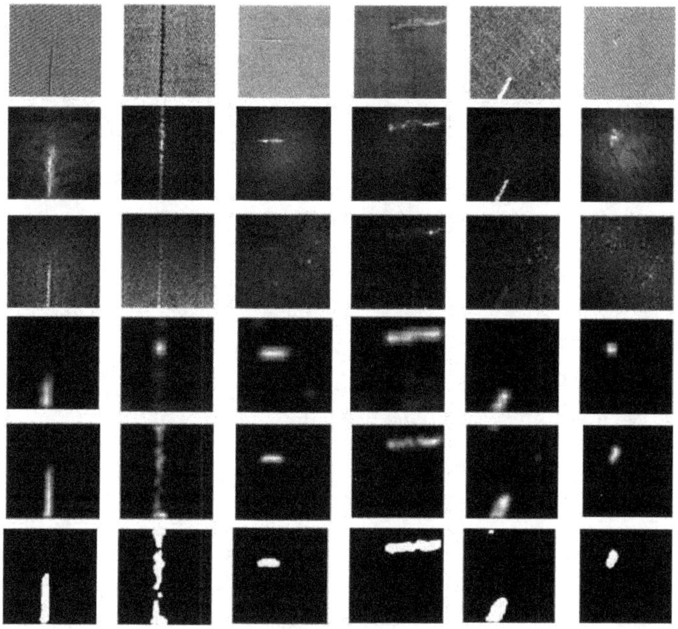

(a)简单纹理织物图像

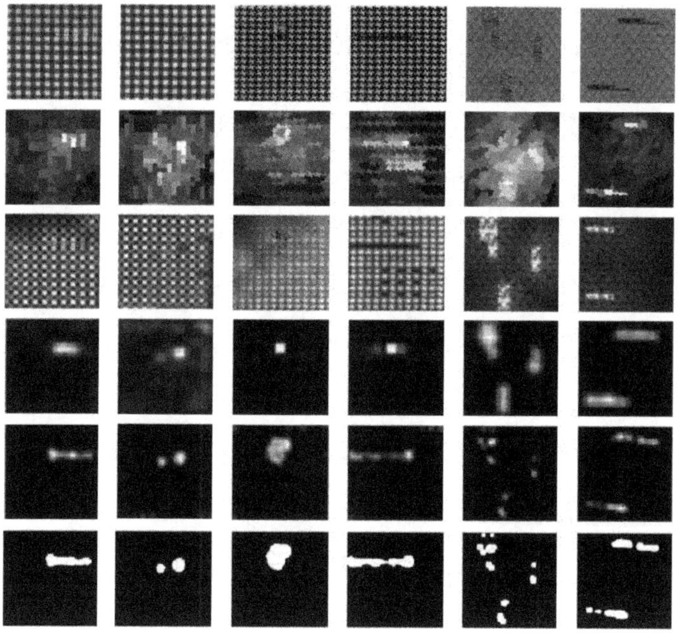

(b)模式纹理织物图像

图 9.5　在不同方法下生成的显著图

9.2.2 定量分析

对于定量评估,采用两个指标进行比较：ROC 曲线和平均绝对误差(Mean absolute error, MAE)柱状图。ROC 曲线用于评估预测值和真实值之间的相似度,如图 9.6 所示。

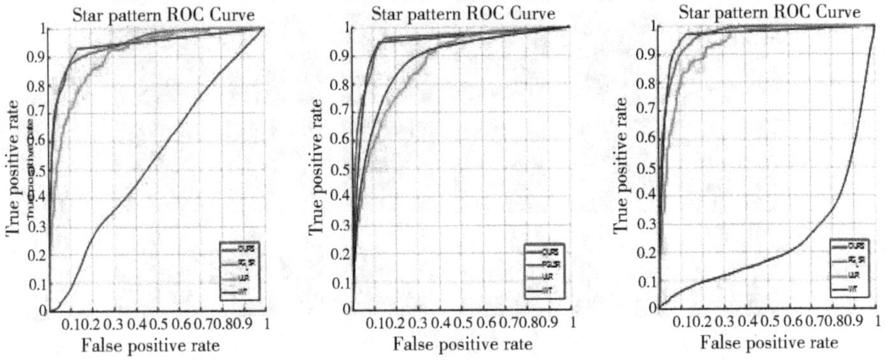

图 9.6 四种方法在三个模式织物数据集上的 ROC 曲线

图 9.6 显示这四种方法(OURS、PGLSR、WT、ULR)在三个模式织物图像数据集上的 ROC 曲线。可以看出,对于方格型模式织物和点型模式织物,所提方法和 ROC 曲线中的最佳方法 PGLSR 检测结果几乎相同,但仍优于其他方法,所提方法的 ROC 曲线下的面积几乎是最大的。对于星型模式织物,所提方法的检测效果要远优于其他方法。这些结果验证了所提方法的有效性,可以很好地处理复杂纹理的模式织物图像。

MAE 通过计算预测值和真实值之间的平均绝对误差来检验算法的效果,其值越小表明算法的性能越好。MAE 的计算公式如下：

$$\mathrm{MAE} = \frac{1}{N}\sum_{i=1}^{N} |p_i - q_i| \tag{9.18}$$

式中：p_i 为预测值；q_i 为真实值；N 为像素个数。

图 9.7 显示了这四种方法(OURS、PGLSR、WT、ULR)在三个模式织物图像数据集上的 MAE 柱状图。可以看出,对于方格型和星型模式织物,笔者所提

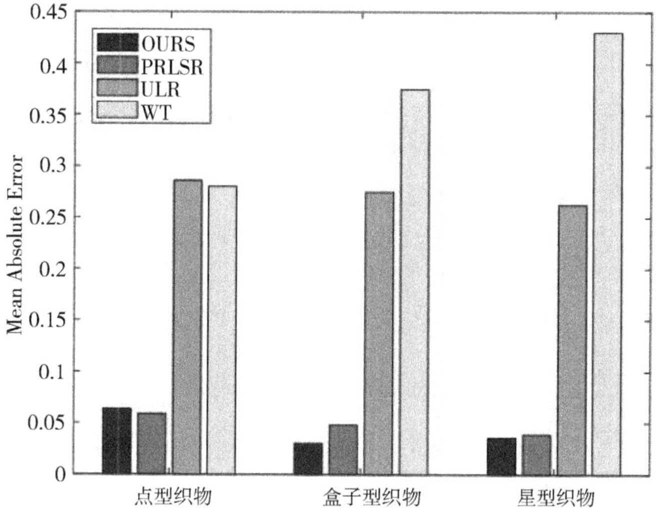

图 9.7　四种方法在三个模式织物数据集上的 MAE 柱状图

方法 MAE 值均小于其他方法。对于点型模式织物，所提方法的检测效果除了略低于 PGLSR 方法，但还是高于其他方法。因此，在大多数情况下，所提方法具有良好的检测结果和鲁棒性。

9.3　本章小结

本章针对联合低秩表示模型和张量低秩分解模型不适用于不同维数的特征融合，提出了一种基于级联低秩分解的织物疵点检测算法。首先对织物图像进行分块，提取其 textons 特征和 Gabor 特征；其次构建低级联低秩分解模型，并通过 ADMM 算法进行优化求解；最后通过阈值分割算法定位疵点位置。通过大量定性和定量实验，表明所提方法将 textons 纹理特征空间的全局结构与 Gabor 方向特征的先验结果很好地结合起来，这种结合有助于生成更加清晰的显著图并提高方法的有效性。但所提算法仍然还需提高，因为对有些点型模式织物疵点的检测结果不连续。

第 10 章　基于特征融合和 TV-RPCA 的织物疵点检测算法

基于低秩分解的织物疵点检测方法,依赖于有效的图像表征方法及低秩分解模型。在图像表征上,目前常采用人工设计的方法,表征能力的好坏很大程度上依赖于设计者的观察力和知识储备,并且这些单一的特征往往只能着重描述图像的某一方面特征,弱化甚至忽略其他方面的特征[82]。比如一阶梯度特征提取方法更加侧重描述图像纹理、方向、边缘特征等方面,二阶梯度特征能更好地捕捉图像的曲率信息,仅采用其中一种的特征提取方法是无法全面表征织物图像纹理、曲率等信息的。若采用一种高效的特征融合技术不仅可以保留参与融合特征的有效鉴别信息,而且相较于直接将两种特征进行并行连接的低级特征融合方法,本技术还能在一定程度上消除信息的冗余性。

在低秩分解模型上,当织物图像中原本就含有一些高斯噪声、椒盐噪声等噪声时,如果采用原始的低秩分解模型,这些噪声可能会被归入显著图中,影响检测效果。为了降低图像中的噪声影响,在低秩分解模型中引入一个全变差正则项,这一种正则项已经被广泛应用于视频、图像去噪[83]。

鉴于上面两点,本章提出了一种基于特征融合和低秩分解模型的织物疵点检测算法,如图 10.1 所示。具体过程如下:

(1)融合特征提取。采用一种特征融合技术——典型相关分析(Canonical correlation analysis, CCA)将两种互补的特征进行融合,生成一种更客观、全面的特征表征方法。

(2)基于全变差正则项的低秩分解模型(Total variation - RPCA, TV - RPCA)。将提取的融合特征通过基于全变差正则项的低秩分解模型,分解为对

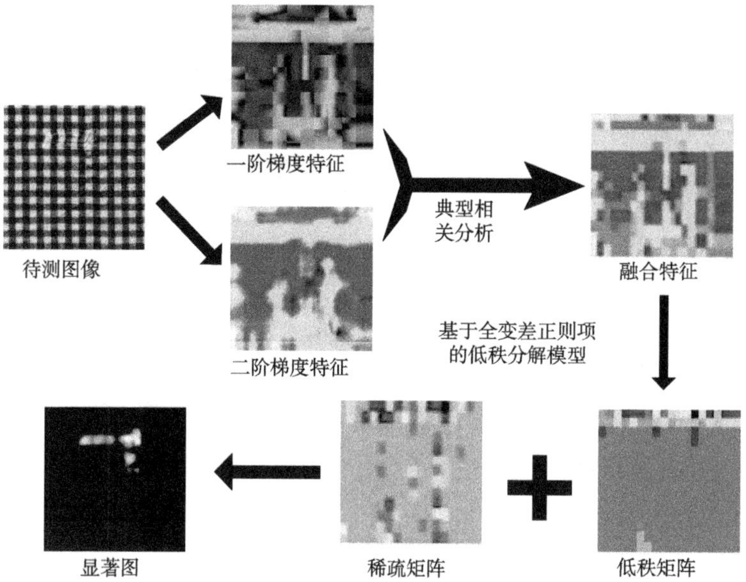

图 10.1　基于特征融合和低秩分解模型的织物疵点检测算法模型

应织物背景的低秩矩阵和对应织物疵点的稀疏矩阵。

(3)显著图生成与分割。根据空间对应关系,由稀疏矩阵生成疵点显著图,并采用一种改进的阈值分割方法生成分割图。

10.1　基于典型相关分析的特征提取

由于人工设计的特征提取方法的局限性,所以大多数单一特征往往被设计成只专注于某一个领域,而当直接迁移到其他领域时,往往表现力不佳。比如,LBP 特征只关注图像像素点的灰度值信息,一般适用于做人脸识别任务,但对方向信息敏感;HOG 特征能够很好地描述目标梯度或边缘的方向,所以特别适用于做图像中的人体检测,但对图像要求过高,极易受噪声影响,并且很难处理遮挡问题。而由于织物图像复杂的背景、多变的疵点类型,因此用一种特征提取方法是极难表征的。本节将首先提取两种互补的特征,即着力于描述织物图像的不同特征,再利用一种特征融合方法对其进行融合来增强图像表征能力。

人类视觉可以轻易地捕捉到客观世界的细节,能够完成各种复杂的视觉任务,所以人类视觉系统可以说是一个天然的、完备的图像描述子。随着对人类视觉处理机制和相应电生理学的研究,视网膜最后一层的 P 型神经节细胞(P-type ganglion cells, P-GCs)不仅为后面的细胞检测边缘提供前期处理,而且为最终的特征提取提供了有效地编码,其前面的细胞只为形成神经节细胞的感受野而存在。Rodieck[73]提出神经节细胞和其感受野上的刺激之间的映射关系可由差分高斯函数(Difference of Gaussian, D∘G)建模。Weng D 等[69]通过模拟 P 型神经节细胞的编码方式,设计出了一种一阶梯度特征提取方法,如图 10.2 所示,其在描述图像纹理、方向、边缘特征等方面,效果远超包括 SIFT、HOG 和 DAISY 在内的其他常用特征;另外,一些最新的研究[72]发现二阶梯度特征能更好地捕捉图像的曲率信息,Li C 等[85]在一阶梯度特征的基础上提取出了一种二阶梯度特征,如图 10.2 所示,并在织物疵点检测中取得了很好的效果;而织物图像纹理恰恰正是由一些边缘、曲率信息组成,结合这些信息,本章将把一阶梯度特征提取方法[69]和二阶梯度特征提取方法[85]进行融合。

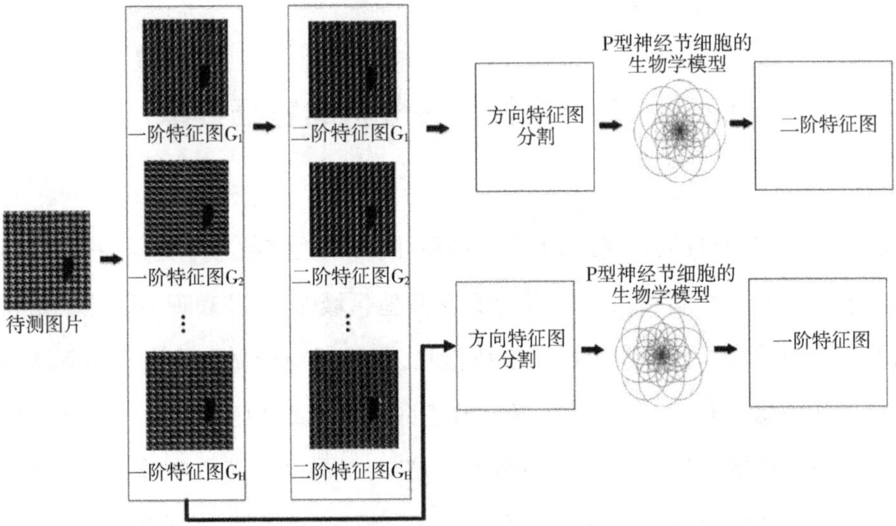

图 10.2　一阶特征和二阶特征提取过程

实验发现,一阶梯度特征通过模拟P型神经节细胞的编码方式可以很好地描述织物疵点的位置信息,而在此基础上的二阶梯度特征可以很好地描述织物疵点的轮廓信息,这两个特征的融合将达到优势互补。

由于上述两个特征的维数较高,直接融合会造成计算量过大,因此首先利用主成分分析(Principal component analysis,PCA)对提取的特征进行降维操作。假设这两种特征进行PCA降维后分别用 $X \in \boldsymbol{R}^{p\times n}$, $Y \in \boldsymbol{R}^{p\times n}$ 表示,其中 p 表示均匀分块块数, n 表示PCA降维维数。令 $S_{xx} \in \boldsymbol{R}^{p\times p}$ 和 $S_{yy} \in \boldsymbol{R}^{q\times q}$ 分别表示 X 和 Y 的协方差矩阵, $S_{xy} \in \boldsymbol{R}^{p\times p}$ 表示 X 和 Y 的互协方差矩阵,且有 $S_{xy} = S_{yx}{}^{\mathrm{T}}$。典型相关分析[39]就是找到一组线性组合 $X^* = W_x^{\mathrm{T}}X, Y^* = W_y^{\mathrm{T}}Y$,来使得它们之间的相关性达到最大,也就是相关系数式(10.1)达到最大:

$$\mathrm{corr}(X^*, Y^*) = \frac{\mathrm{cov}(X^*, Y^*)}{\sqrt{\mathrm{var}(X^*)\mathrm{var}(Y^*)}} \tag{10.1}$$

由于

$$\begin{cases} \mathrm{var}(X^*) = \mathrm{var}(W_x^{\mathrm{T}}X) = W_x^{\mathrm{T}}\mathrm{var}(X)W_x = W_x^{\mathrm{T}}S_{xx}W_x \\ \mathrm{var}(Y^*) = \mathrm{var}(W_y^{\mathrm{T}}Y) = W_y^{\mathrm{T}}\mathrm{var}(Y)W_y = W_y^{\mathrm{T}}S_{yy}W_y \\ \mathrm{cov}(X^*, Y^*) = \mathrm{cov}(W_x^{\mathrm{T}}X, W_y^{\mathrm{T}}Y) = W_x^{\mathrm{T}}\mathrm{cov}(X, Y)W_y = W_x^{\mathrm{T}}S_{xy}W_y \end{cases} \tag{10.2}$$

相关系数式(10.1)可转换为下式:

$$J(W_x, W_y) = \frac{W_x^{\mathrm{T}}S_{xy}W_y}{(W_x^{\mathrm{T}}S_{xx}W_xW_y^{\mathrm{T}}S_{yy}W_y)^{1/2}} \tag{10.3}$$

为了确保解得唯一性,可令:

$$W_x^{\mathrm{T}}S_{xx}W_x = W_y^{\mathrm{T}}S_{yy}W_y = 1 \tag{10.4}$$

则可得下面这样的约束项优化问题:

$$\begin{cases} \max \quad \dfrac{W_x^{\mathrm{T}}S_{xy}W_y}{(W_x^{\mathrm{T}}S_{xx}W_xW_y^{\mathrm{T}}S_{yy}W_y)^{1/2}} \\ W_x^{\mathrm{T}}S_{xx}W_x = W_y^{\mathrm{T}}S_{yy}W_y = 1 \end{cases} \tag{10.5}$$

上式的拉格朗日函数为:

$$L(W_x,W_y) = W_x^{\mathrm{T}} S_{xy} W_y - \frac{\lambda_1}{2}(W_x^{\mathrm{T}} S_{xx} W_x - 1) - \frac{\lambda_2}{2}(W_y^{\mathrm{T}} S_{yy} W_y - 1) \tag{10.6}$$

式中：λ_1 和 λ_2 为拉格朗日乘子项。

分别求上式关于 W_x^{T} 和 W_y^{T} 的偏导数并置零，可得：

$$\frac{\partial L}{\partial W_x} = S_{xy} W_y - \lambda_1 S_{xx} W_x = 0 \tag{10.7}$$

$$\frac{\partial L}{\partial W_y} = S_{yx} W_x - \lambda_2 S_{yy} W_y = 0 \tag{10.8}$$

分别对式(10.7)、式(10.8)的两边同时乘以 W_x^{T} 和 W_y^{T}，可得：

$$\begin{aligned} W_x^{\mathrm{T}} S_{xy} W_y &= \lambda_1 W_x^{\mathrm{T}} S_{xx} W_x = \lambda_1 \\ W_y^{\mathrm{T}} S_{yx} W_x &= \lambda_2 W_y^{\mathrm{T}} S_{yy} W_y = \lambda_2 \end{aligned} \tag{10.9}$$

因为 ${S_{xy}}^{\mathrm{T}} = S_{yx}$，则有 $\lambda_1 = \lambda_1^{\mathrm{T}} = (W_x^{\mathrm{T}} S_{xy} W_y)^{\mathrm{T}} = W_y^{\mathrm{T}} S_{yx} W_x = \lambda_2$。令 $\lambda_1 = \lambda_2 = \lambda$，则式(10.7)、式(10.8)可改写为：

$$S_{xy} W_y - \lambda S_{xx} W_x = 0 \tag{10.10}$$

$$S_{yx} W_x - \lambda S_{yy} W_y = 0 \tag{10.11}$$

由上面两式，可得到：

$$\begin{cases} S_{xx}^{-1} S_{xy} S_{yy}^{-1} S_{yx} \hat{W}_x = \lambda^2 \hat{W}_x \\ S_{yy}^{-1} S_{yx} S_{xx}^{-1} S_{xy} \hat{W}_y = \lambda^2 \hat{W}_y \end{cases} \tag{10.12}$$

此时，该优化问题已经转化为一个广义的求解特征值问题。其中，$\hat{W}_x$ 和 $\hat{W}_y$ 为特征向量，λ^2 为特征值的对角矩阵。

一般来说，基于典型相关分析的特征融合有两种融合策略，分别是并联型 F_1(CCA-serial)，如式(10.13)所示；求和型 F_2(CCA-sum)，如式(10.14)所示：

$$\boldsymbol{F}_1 = \begin{pmatrix} X^* \\ Y^* \end{pmatrix} = \begin{pmatrix} W_x^{\mathrm{T}} X \\ W_y^{\mathrm{T}} Y \end{pmatrix} = \begin{pmatrix} W_x & 0 \\ 0 & W_y \end{pmatrix}^{\mathrm{T}} \begin{pmatrix} X \\ Y \end{pmatrix} \tag{10.13}$$

$$\boldsymbol{F}_2 = X^* + Y^* = W_x^{\mathrm{T}} X + W_y^{\mathrm{T}} Y = \begin{pmatrix} W_x \\ W_y \end{pmatrix}^{\mathrm{T}} \begin{pmatrix} X \\ Y \end{pmatrix} \tag{10.14}$$

式中：F_1 和 F_2 即为融合特征矩阵，它们能同时保留被融合特征的不同特性，还能消除特征融合产生的冗余信息。本章将分别用到这两种融合策略，并分析出针对织物疵点检测问题的最佳融合策略。

10.2　基于全变差正则项的 RPCA 模型的构建及求解

10.2.1　模型的构建

通过上一节的分析，构建出一阶梯度特征和二阶梯度特征的融合特征 $\boldsymbol{F}_1 \in \boldsymbol{R}^{2p\times n}$ 或 $\boldsymbol{F}_2 \in \boldsymbol{R}^{p\times n}$，再通过有效的低秩分解模型如下：

$$\min_{\boldsymbol{L},\boldsymbol{S}} \operatorname{rank}(\boldsymbol{L}) + \gamma \|\boldsymbol{S}\|_0 \quad s.t. \quad \boldsymbol{F} = \boldsymbol{L} + \boldsymbol{S} \tag{10.15}$$

式中：$\boldsymbol{F}$ 为这上面提到的融合特征矩阵；$\boldsymbol{L}$ 为这对应图像背景的低秩矩阵；$\boldsymbol{S}$ 为这对应图像疵点的稀疏矩阵；γ 为一个平衡因子。

这一问题是一个非凸优化问题，属于 NP-hard 的范畴，为了快速、有效地进行求解，通常求解其对应的凸松弛问题，如下式所示：

$$\min_{\boldsymbol{L},\boldsymbol{S}} \|\boldsymbol{L}\|_* + \gamma \|\boldsymbol{S}\|_1 \quad s.t. \quad \boldsymbol{F} = \boldsymbol{L} + \boldsymbol{S} \tag{10.16}$$

式中：$\|\cdot\|_*$ 为核范数，是矩阵中所有奇异值的和；$\|\cdot\|_1$ 为 ℓ_1 范数，是矩阵中所有元素绝对值的和。

然而，当织物图像中本来就存在着一些加性噪声、椒盐噪声等噪声时，由于原始的低秩分解模型设定疵点部分为稀疏分布的，若仅采用该模型式(10.16)，图像中的稀疏噪声也将被分解到稀疏矩阵 S 中，影响疵点检测效果。因此，在原始的低秩分解模型基础上，引入一个全变差正则项(Total variation regularization，TV)，构造出一种基于全变差正则项的低秩分解模型(Total variation-RPCA，TV-RPCA)，如下式所示：

$$\min_{\boldsymbol{L},\boldsymbol{S}} \|\boldsymbol{L}\|_* + \gamma \|\boldsymbol{S}\|_1 + \beta \|\boldsymbol{S}\|_{\mathrm{TV}} \quad s.t. \quad \boldsymbol{F} = \boldsymbol{L} + \boldsymbol{S} \tag{10.17}$$

式中：β 为一个平衡因子；$\|\cdot\|_{TV}$ 为全变差正则项，该项常被用于视频、图像的噪声消除。

典型的全变差正则项是由 Rudin-Osher-Fatem[86] 提出的各向同性全变差正则项(Isotropic TV-norm)，也称为 ROF 模型，之后 Choksi 等[87] 又提出了各项异性全变差正则项(Anisotropic TV-norm)。这两种全变差成功地利用了图像内在的正则性，在保留图像的边缘和纹理信息的前提下，可以从噪声图像的解中反映出真实图像的几何正则性[88]。去噪效果如图 10.3 所示，第一列为原始图像，第二列为含有随机噪声的图像，第三列是各向同性全变差的去噪图，第四列是各向异性全变差的去噪图，可以看到，这两种全变差正则项都在一定程度上消除了这些随机噪声，还原了图像。

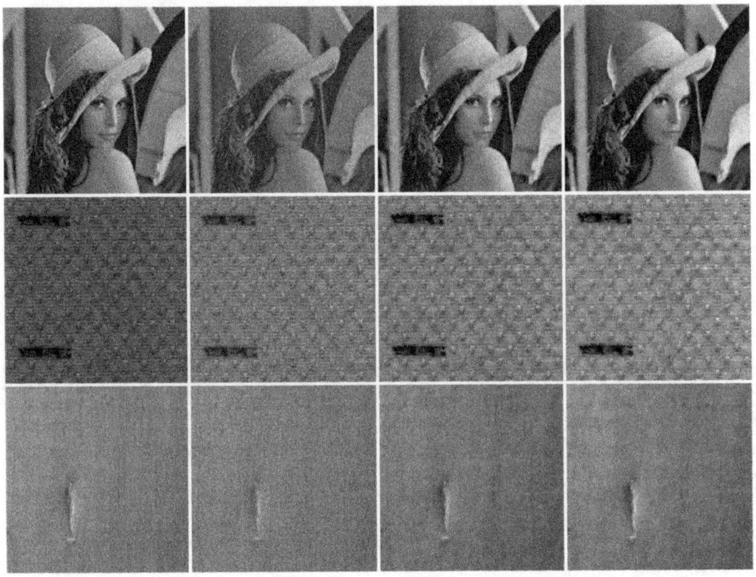

图 10.3　全变差正则项去噪效果图

全变差正则项去噪模型为：

$$x = \arg\min_{x} \|x - y\|^2 + \alpha \|x\|_{TV} \tag{10.18}$$

式中：x 为原始图像；y 为被噪声污染的图像；α 为 TV 正则项的权重。其中，TV

正则项包括：

各向同性全变差正则项：

$$\| x \|_{\mathrm{TV}}^{\mathrm{iso}} := \| Dx \|_{2,1} = \sum_{i,j} \sqrt{(D_i^h x)^2 + (D_j^v x)^2} \tag{10.19}$$

各项异性全变差正则项：

$$\| x \|_{\mathrm{TV}}^{\mathrm{ani}} := \| Dx \|_{1} = \sum_{i,j} (D_i^h x + D_j^v x) \tag{10.20}$$

其中，$D_i^h x = x_i - x_{1(i)}$，$D_j^v x = x_j - x_{a(j)}$。D_i^h，D_j^v 分别表示对行和列的一阶微分算子，下标 $1(i)$、$a(j)$ 分别指距离第 i 行、第 j 列最近的左边和上边的元素。本章将用到两种全变差正则项，并分析出针对织物疵点检测问题的最佳全变差正则项。

10.2.2　模型的求解

为了求解式(10.17)，引入一个辅助变量 $\boldsymbol{J} = \boldsymbol{S}$，则有：

$$\min_{L,S} \quad \| \boldsymbol{L} \|_* + \gamma \| \boldsymbol{S} \|_1 + \beta \| \boldsymbol{J} \|_{\mathrm{TV}} \quad s.t. \quad \boldsymbol{F} = \boldsymbol{L} + \boldsymbol{S}, \boldsymbol{J} = \boldsymbol{S} \tag{10.21}$$

上式是一个凸优化问题，然而很难同时对 $\boldsymbol{L}, \boldsymbol{S}, \boldsymbol{J}$ 求解。因此，采用交替方向乘子法(Alternating direction method of multipliers，ADMM)将该式分解为三个子问题，并通过相应的求解方法进行求解。

上式的增广拉格朗日乘子式为：

$$\begin{aligned}
&\mathcal{L}(\boldsymbol{L}, \boldsymbol{S}, \boldsymbol{J}, \boldsymbol{Y}_1, \boldsymbol{Y}_2, \mu) \\
&= \| \boldsymbol{L} \|_* + \gamma \| \boldsymbol{S} \|_1 + \beta \| \boldsymbol{J} \|_{\mathrm{TV}} + \langle Y_1, \boldsymbol{F} - \boldsymbol{L} - \boldsymbol{S} \rangle + \langle Y_2, \boldsymbol{S} - \boldsymbol{J} \rangle \\
&+ \frac{\mu}{2}(\| \boldsymbol{F} - \boldsymbol{L} - \boldsymbol{S} \|_F^2 + \| \boldsymbol{S} - \boldsymbol{J} \|_F^2) \\
&= \| \boldsymbol{L} \|_* + \gamma \| \boldsymbol{S} \|_1 + \beta \| \boldsymbol{J} \|_{\mathrm{TV}} + \frac{\mu}{2}\left(\left\| \boldsymbol{F} - \boldsymbol{L} - \boldsymbol{S} + \frac{Y_1}{\mu} \right\|_F^2 + \left\| \boldsymbol{S} - \boldsymbol{J} + \frac{\boldsymbol{Y}_2}{\mu} \right\|_F^2 \right) \\
&- \frac{1}{2\mu}(\| \boldsymbol{Y}_1 \|_F^2 + \| \boldsymbol{Y}_2 \|_F^2)
\end{aligned} \tag{10.22}$$

式中：$\boldsymbol{Y}_1, \boldsymbol{Y}_2$ 为拉格朗日乘子；$\langle \cdot \rangle$ 为内积操作；$\| \cdot \|_F$ 为 Frobenius 范数，$\mu > 0$ 表示惩罚算子。该问题的最优解可通过循环迭代求解下面几个子问题完成：

更新 $\mathcal{L}$：保持除了 $\mathcal{L}$ 外的其他变量为固定值，则 $\mathcal{L}$ 在第 $k+1$ 次迭代的值 $\boldsymbol{L}^{k+1}$ 可通过下式求解：

$$\begin{aligned} \boldsymbol{L}^{k+1} &= \arg\min_{\boldsymbol{L}} \mathcal{L}(\boldsymbol{L}, \boldsymbol{S}^k, \boldsymbol{J}^k, Y_1{}^k, Y_2{}^k, \mu^k) \\ &= \arg\min_{\boldsymbol{L}} \|\boldsymbol{L}\|_* + \frac{\mu}{2}\left(\left\| \boldsymbol{F} - \boldsymbol{L} - \boldsymbol{S}^k + \frac{Y_1{}^k}{\mu^k} \right\|_F^2 \right) \\ &= \arg\min_{\boldsymbol{L}} \frac{1}{\mu} \|\boldsymbol{L}\|_* + \frac{1}{2} \left\| \boldsymbol{L} - \left(\boldsymbol{F} - \boldsymbol{S}^k + \frac{Y_1{}^k}{\mu^k} \right) \right\|_F^2 \end{aligned} \tag{10.23}$$

该子问题可通过定理 10.1，采用奇异值阈值法（Singular value thresholding，SVT）求解[59]。

定理 10.1：奇异值阈值法。给定两个矩阵 $\boldsymbol{X}$、$\boldsymbol{Y}$，则优化问题 $\arg\min_{\boldsymbol{X}} \frac{1}{2} \|\boldsymbol{X} - \boldsymbol{Y}\|_F^2 + \tau \|\boldsymbol{X}\|_*$ 的最优解为：$\boldsymbol{D}_\tau(\boldsymbol{Y}) := \boldsymbol{U}\boldsymbol{D}_\tau(\Sigma)\boldsymbol{V}^{\mathrm{T}}$。其中，$\boldsymbol{U}$ 和 $\boldsymbol{V}$ 是 $\boldsymbol{X}$ 的奇异值分解 $\boldsymbol{X} = \boldsymbol{U}\Sigma\boldsymbol{V}^{\mathrm{T}}$，$\boldsymbol{D}_\tau(\Sigma) = \mathrm{diag}(\{\sigma_i - \tau\}_+)$，$\sigma_i$ 是 Σ 的对角线元素。

更新 $\boldsymbol{S}$：保持除了 $\boldsymbol{S}$ 外的其他变量为固定值，则 $\boldsymbol{S}$ 在第 $k+1$ 次迭代的值 $\boldsymbol{S}^{k+1}$ 可通过下式求解：

$$\begin{aligned} \boldsymbol{S}^{k+1} &= \arg\min_{\boldsymbol{S}} \mathcal{L}(\boldsymbol{L}^{k+1}, \boldsymbol{S}, \boldsymbol{J}^k, Y_1{}^k, Y_2{}^k, \mu^k) \\ &= \arg\min_{\boldsymbol{S}} \boldsymbol{\gamma} \|\boldsymbol{S}\|_1 + \langle Y_1{}^k, \boldsymbol{F} - \boldsymbol{L}^{k+1} - \boldsymbol{S} \rangle + \langle Y_2{}^k, \boldsymbol{S} - \boldsymbol{J}^k \rangle \\ &\quad + \frac{\mu}{2}(\|\boldsymbol{F} - \boldsymbol{L}^{k+1} - \boldsymbol{S}\|_F^2 + \|\boldsymbol{S} - \boldsymbol{J}^k\|_F^2) \\ &= \arg\min_{\boldsymbol{S}} \frac{\gamma}{2\mu} \|\boldsymbol{S}\|_1 + \frac{1}{2} \left\| \boldsymbol{S} - \frac{1}{2}(\boldsymbol{J}^k + \boldsymbol{F} - \boldsymbol{L}^{k+1} + (Y_1{}^k - Y_2{}^k)/\mu) \right\|_F^2 \end{aligned} \tag{10.24}$$

该子问题可通过**定理 10.2**，采用软阈值算子（Soft thresholding）[36]求解。

定理 10.2：软阈值算子。给定两个矩阵 $\boldsymbol{X}$、$\boldsymbol{Y}$，则优化问题 $\arg\min_{\boldsymbol{X}} \tau \|\boldsymbol{X}\|_1 + \frac{1}{2}$

$\| \boldsymbol{X} - \boldsymbol{B} \|_F^2$ 的最优解为 soft(B,τ)。

$$\text{soft}(B,\tau) = \text{sign}(B) \cdot \max(\text{abs}(B) - \tau, 0)$$
$$= \begin{cases} B + \tau & , B \leqslant -\tau \\ 0 & , |B| \leqslant \tau \\ B - \tau & , B \geqslant \tau \end{cases} \tag{10.25}$$

更新 $\boldsymbol{J}$：保持除了 $\boldsymbol{J}$ 以外的其他变量为固定值，则 $\boldsymbol{J}$ 在第 $k+1$ 次迭代的值 $\boldsymbol{J}^{k+1}$ 可通过下式求解：

$$\boldsymbol{J}^{k+1} = \arg\min_{\boldsymbol{J}} \mathcal{L}(\boldsymbol{L}^{k+1}, \boldsymbol{S}^{k+1}, \boldsymbol{J}, Y_1{}^k, Y_2{}^k, \mu^k)$$
$$= \arg\min_{\boldsymbol{J}} \beta \| \boldsymbol{J} \|_{\text{TV}} + \frac{\mu^k}{2} \left\| \boldsymbol{S}^{k+1} - \boldsymbol{J} + \frac{Y_2{}^k}{\mu^k} \right\|_F^2 \tag{10.26}$$
$$= \arg\min_{\boldsymbol{J}} \beta \| \boldsymbol{J} \|_{\text{TV}} + \frac{\mu^k}{2} \left\| \boldsymbol{S}^{k+1} - \boldsymbol{J} + \frac{Y_2{}^k}{\mu^k} \right\|_F^2$$

该子问题可通过 Split Bregman 迭代算法[89-90]求解，如**算法 10.1** 所示。

算法 10.1：Split Bregman 迭代算法

Split Bregman 迭代算法可高效地求解下面泛函的最小值问题。

$$\min_u \quad \{\boldsymbol{\Phi}(u) + \boldsymbol{H}(u,f)\} \tag{10.27}$$

其中，$\boldsymbol{\Phi}(u)$ 和 $\boldsymbol{H}(u,f)$ 都是非负的凸函数，且 f 是已知常数。

引入辅助变量 $d = \boldsymbol{\Phi}(u)$，则上述无约束问题可转化为等价的约束问题：

$$\min_{u,d}\{d + \boldsymbol{H}(u,f)\} \quad s.t. \quad d = \boldsymbol{\Phi}(u) \tag{10.28}$$

令 $\boldsymbol{J}(d,u) = d + \boldsymbol{H}(u,f)$，上述约束问题可转换为：

$$\min_u J(d,u) + \frac{\lambda}{2} \| d - \boldsymbol{\Phi}(u) \|_2^2 \tag{10.29}$$

则这个优化问题的 Bregman 迭代如下：

$$(u^{k+1},d^{k+1}) = \arg\min_{u,d} \quad D_J^P(u,u^k,d,d^k) + \frac{\lambda}{2}\| d - \boldsymbol{\Phi}(u) \|_2^2$$

$$= \arg\min_{u,d} \quad J(u,d) - J(u^k,d^k) - \langle p_u^k, u - u^k \rangle - \langle p_d^k, d - d^k \rangle$$

$$+ \frac{\lambda}{2}\| d - \boldsymbol{\Phi}(u) \|_2^2 \tag{10.30}$$

$$p_u^{k+1} = p_u^k - \lambda\,(\nabla\boldsymbol{\Phi})^{\mathrm{T}}(\boldsymbol{\Phi}(u^{k+1}) - d^{k+1})$$

$$p_d^{k+1} = p_d^k - \lambda(d^{k+1} - \boldsymbol{\Phi}(u^{k+1}))$$

根据 Bregman 迭代的收敛性,上述迭代过程等价于下面的简单公式:

$$(u^{k+1},d^{k+1}) = \arg\min_{u,d} d + \boldsymbol{H}(u,f) + \frac{\lambda}{2}\| d - \boldsymbol{\Phi}(u) - b^k \|_2^2 \tag{10.31}$$

$$b^{k+1} = b^k + \boldsymbol{\Phi}(u^{k+1}) - d^{k+1}$$

到此,Split Bregman 迭代算法的优化步骤如下:

算法 10.1　Split Bregman 迭代算法

初始化: $\boldsymbol{k = 0, u^0 = 0, b^0 = 0}$

循环优化:

$$\boldsymbol{u^{k+1} = \min_u \quad H(u,f) + \frac{\lambda}{2}\| d^k - \Phi(u) - b^k \|_2^2}$$

$$\boldsymbol{d^{k+1} = \min_d \quad d + \frac{\lambda}{2}\| d - \Phi(u^{k+1}) - b^k \|_2^2}$$

$$\boldsymbol{b^{k+1} = b^k + \Phi(u^{k+1}) - d^{k+1}}$$

$$\boldsymbol{k = k + 1}$$

当 $\boldsymbol{\| u^{k+1} - u^k \|_2 / \| u^k \|_2 < 1e^{-3}}$ **时,结束**

更新 Y_1, Y_2:更新拉格朗日乘子 Y_1, Y_2:

$$Y_1^{\,k+1} = Y_1^{\,k} + \mu^k(F - L^{k+1} - S^{k+1}) \tag{10.32}$$

$$Y_2^{\,k+1} = Y_2^{\,k} + \mu^k(S^{k+1} - J^{k+1}) \tag{10.33}$$

更新 μ：更新惩罚因子 μ：

$$\mu^{k+1} = \min(\mu_{\max}, \rho\mu^{k}) \tag{10.34}$$

多次迭代求解上述子问题，直到达到终止条件：

$$\| F - L^{k+1} - S^{k+1} \|_F / \| F \|_F < \mathrm{tol} \tag{10.35}$$

综上所述，模型式(10.17)模型的求解算法可以总结为**算法 10.2**：

算法 10.2　ADMM 算法求解基于全变差正则项的低秩分解模型

输入：融合特征矩阵 F，参数 $\gamma>0,\beta>0$

初始化：$L^0 = S^0 = J^0 = 0$，$Y_1^0 = F/\max(\|F\|_2, \gamma^{-1}\|F\|_\infty)$，$Y_1^0$，$\mu^0 = 1.25/\|F\|_2$，$\mu_{\max}=\mu^0 10^7$，$\rho=1.5$，$k=0$，$\mathrm{tol}=1e^{-6}$。

当未达到收敛时：

1. 固定其他变量，更新 L

$$L^{k+1} = \arg\min_L \frac{1}{\mu}\|L\|_* + \frac{1}{2}\left\| L - \left(F - S^k + \frac{{Y_1}^k}{\mu^k}\right)\right\|_F^2$$

2. 固定其他变量，更新 S

$$S^{k+1} = \arg\min_S \frac{\gamma}{2\mu}\|S\|_1 + \frac{1}{2}\left\| S - \frac{1}{2}[J^k + F - L^{k+1} + ({Y_1}^k - {Y_2}^k)/\mu]\right\|_F^2$$

3. 固定其他变量，更新 J

$$J^{k+1} = \arg\min_J \frac{\beta}{\mu^k}\|J\|_{TV} + \frac{1}{2}\left\| J - \left(S^{k+1} + \frac{{Y_2}^k}{\mu^k}\right)\right\|_F^2$$

4. 更新拉格朗日乘子 Y_1, Y_2 和惩罚因子 μ

$${Y_1}^{k+1} = {Y_1}^k + \mu^k(F - L^{k+1} - S^{k+1})$$

$${Y_2}^{k+1} = {Y_2}^k + \mu^k(S^{k+1} - J^{k+1})$$

$$\mu^{k+1} = \min(\mu_{\max}, \rho\mu^k)$$

5. 检查是否满足收敛条件

$\| F - L^{k+1} - S^{k+1} \|_F / \| F \|_F < \text{tol}$

6. $k = k + 1$

结束

输出： S^{k+1}

10.3 显著图生成与分割

将融合特征通过基于全变差正则项的低秩分解模型，得到对应于疵点部分的稀疏矩阵最优解 S^*，则织物图像中第 i 个图像块的显著度 $M(I_i)$ 可通过计算 S^* 第 i 列的 l_1 范数来计算：

$$M(I_i) = \| S^*(:,i) \|_1 \tag{10.36}$$

显著度 $M(I_i)$ 越大，表明该图像块是疵点的概率越大。根据对应的空间对应关系，可生成疵点显著图，再经改进的阈值分割方法来定位疵点区域。

10.4 实验结果及分析

为了验证本章方法的有效性和鲁棒性，并分析出最佳配置组合，将在两个织物图像库中，比较本章方法与现有检测方法的检测效果。两个织物图像库包括非模式织物图像库 TILDA 织物图像库和香港大学的模式图像数据库（包括星型、盒子型及点型三种模式织物，图片数量分别为 25 幅、26 幅、30 幅）。

本章的所有实验均在 Inter(R) Core(TM) i5. 3210 的 CPU 环境下，使用仿真工具 MATLAB 2017a 完成，织物图像大小设定为 256pixel×256pixel，基于全变差正则项的低秩分解模型中的参数 γ 和 β 分别设定为 0. 0016 和 0. 01。

10.4.1　特征维数的选取

在特征融合部分,通过主成分分析法将提取的一阶梯度特征和二阶梯度特征进行降维,来减少计算量和信息的损失,降维的程度直接影响着检测结果。不同维数的检测结果如图 10.4 所示,第一列为原始图像,第二列为降维至 58 的疵点检测结果,第三列为降维至 128 的疵点检测结果,第四列为降维至 228 的疵点检测结果,第五列为降维至 328 的疵点检测结果。

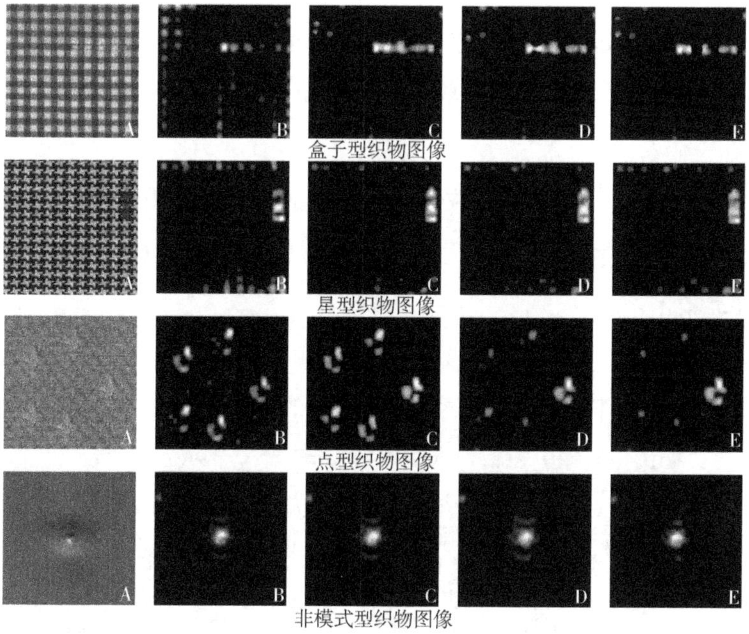

图 10.4　不同降维程度的检测结果对比图

由图 10.4B 列中含有更多的噪声,这表明维数越低,疵点与背景的分离效果越差,而随着维数的增加,疵点检测结果不连续的情况开始出现在图 10.4D~E 列中。通过实验对比发现,当降维至 128 时,如图 10.4C 列所示时,检测结果即没有出现疵点不连续的情况,并且也较少含有噪声。因此,本章中提取的一阶特征和二阶特征都将被降维至 128。

10.4.2 融合策略的选取

在特征融合部分，本章提出了两种特征融合策略，本小节将验证融合特征的表征效果，并分析出哪种融合策略最适用于织物疵点检测问题。本小节将采用五种特征提取配置：

(1)一阶梯度特征(First-order gradient feature, FGF)；

(2)二阶梯度特征(Second-order gradient feature, SGF)；

(3)特征并行连接(Feature parallel connection, FPC)；

(4)基于典型相关分析的求和型(CCA-sum)；

(5)基于典型相关分析的并联型(CCA-serial)，并统一采用原始的低秩分解模型。

图 10.5 展示了四种特征提取方案在非模式织物图像和模式织物图像上的检测结果，第一行是待测图像，第二至第五行分别对应着 FGF、SGF、FPC、CCA-sum、CCA-serial。

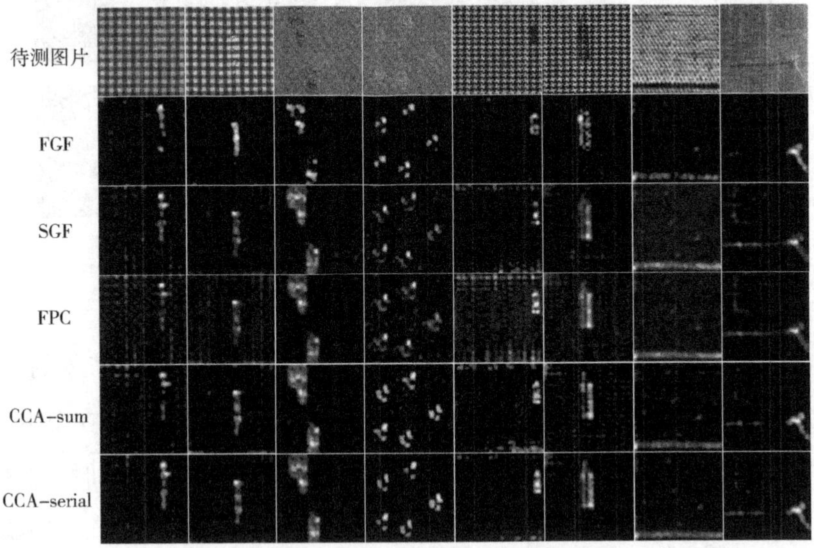

图 10.5 五种特征提取配置的检测对比图

可以发现四种方案对非模式织物都有较好的检测结果,对于模式织物图像的检测结果,FGF 特征相对于 SGF 特征可以更加精准地表现出疵点的位置信息,而 SGF 特征可以更加准确地表现出疵点的轮廓信息,这是由于二阶梯度特征比一阶梯度特征更加适合描述图像的轮廓信息。实验可以证明,这两种单一的特征都侧重描述图像的单方面特征,只采用其中一种特征是无法实现全面表征图像的,因此本章采用典型相关分析进行特征融合。由图 10.5 可以看到,CCA-sum 和 CCA-serial 融合特征的检测结果确实要好于单一特征,可以同时发现出疵点的位置和轮廓信息,CCA- serial 融合特征相对于 CCA- sum 含有更少的噪声。此外在盒子型和星型模式织物图像中,直接将特征并行连接 FPC 的检测效果甚至要差于两种被融合的单一特征,所以简单、粗暴的低级特征融合方法可能会造成冗余度的提升,这进一步证明了本章采用的特征融合技术不仅可以保留参与融合特征的有效鉴别信息,而且还能在一定程度上降低信息的冗余度。

为了更加直观、全面地评价,将引入两种指标进行评价:受试者工作特征曲线(Receiver operating characteristic curve,简称 ROC 曲线)和查准率—查全率曲线(Precision recall curve)PR 曲线。ROC 曲线可以通过描述真阳性率(True positive rate,TPR)和假阳性率(False positive rate,FPR)来实现,如式(10.37)所示,该曲线下面积越大,表明检测准确性越高。

$$\mathrm{TPR}=\frac{\mathrm{TP}}{\mathrm{TP+FN}}\quad \mathrm{FPR}=\frac{\mathrm{FP}}{\mathrm{FP+TN}} \tag{10.37}$$

式中:TP(true positive,真正类)为正确的肯定;FP(False positive, 假正类)为正确的否定;TN(True negative, 真负类)为错误的肯定,假报警;FN(False negative, 假负类)为错误的否定,未命中。

PR 曲线通过描述查准率(Precision ratio)和查全率(Recall ratio)来实现,如式(10.38)所示,该曲线越偏右上凸越好,即查准率和查全率同时高。

$$\mathrm{precision}=\frac{\mathrm{TP}}{\mathrm{TP+FP}}\quad \mathrm{recall}=\frac{\mathrm{TP}}{\mathrm{TP+FN}} \tag{10.38}$$

由于缺少 TILDA 非模式织物图像库的真值图进行对比分析,将只展示五种特征提取配置方法在三种模式织物图像上的曲线对比图。图 10.6 是五种不同特征提取配置方法的 ROC 曲线对比图，可以看到在盒子型、星型模式织物图像上，CCA-serial 融合特征要优于其他配置方法，而在点型模式织物图像上，FPC 融合特征要优于其他配置方法。图 10.7 是五种不同配置方法的 PR 曲线对比图，可以清晰地看到在三种模式织物图像上，CCA-serial 融合特征的检测效果均要优于其他配置方法。

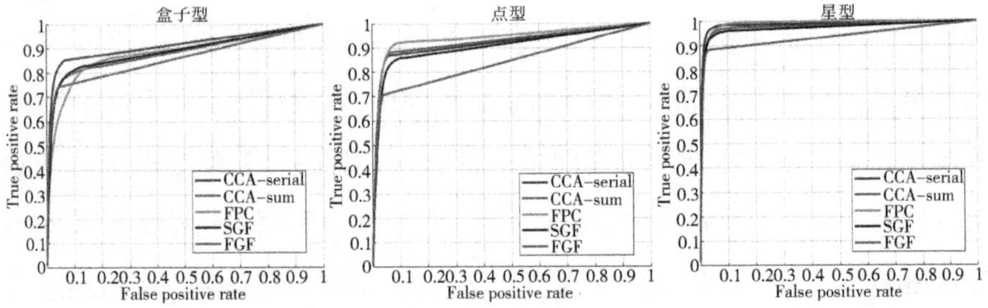

图 10.6　五种不同配置方法的 ROC 曲线对比图

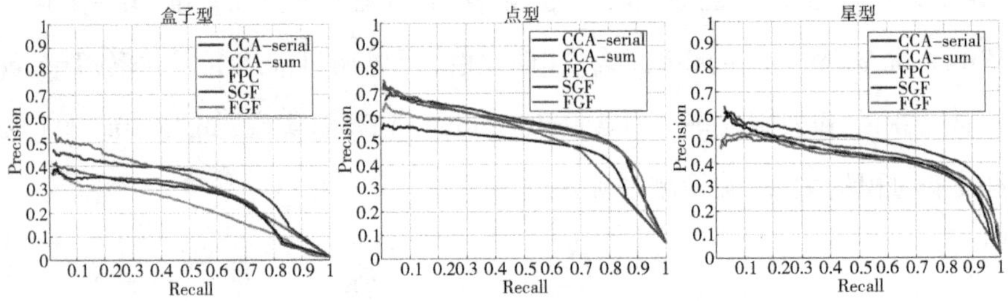

图 10.7　五种不同配置方法的 PR 曲线对比图

综合来说，无论从定量分析，还是从定性分析上都表明，融合特征相较于单一的特征确实可以更好地表征图像特征，并且就织物疵点检测问题来说，CCA-serial 融合方法是最佳的融合策略，本章后续的实验将统一采用这种融合策略。

10.4.3　全变差正则项的选取

在低秩分解模型构建部分，本章在原始低秩分解模型中引入一个全变差正则项来减少显著图的噪声，分别引入了各向同性全变差和各向异性全变差，本小节将验证基于全变差正则项的低秩分解模型的去噪效果，并分析出哪种全变差正则项最适用于织物疵点检测问题。本小节将采用三种低秩分解模型配置方法：

（1）原始低秩分解模型（RPCA）。

（2）基于各向同性全变差正则项的低秩分解模型（ITV-RPCA）。

（3）基于各向异性全变差正则项的低秩分解模型（ATV-RPCA），特征提取方法统一采用 CCA-serial 融合特征。

图 10.8 展示了三种低秩分解模型配置方法在非模式织物图像和模式织物图像上的检测结果，第一列是待测图像，第二至第五列分别对应着 RPCA、ITV-RPCA、ATV-RPCA。

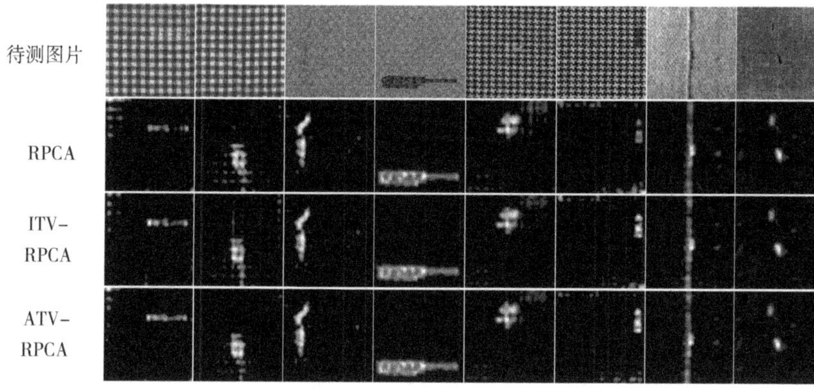

图 10.8　三种低秩分解模型配置方法的检测对比图

可以看到三种低秩分解模型配置方法在简单的非模式织物图像上有着几乎一样的检测效果，而在模式织物图像中，ITV-RPCA 和 ATV-RPCA 模型的检测结果相对于 RPCA 模型含有更少量的噪声，检测效果有一定的提升。

为了更加直观地看出基于全变差正则项的低秩分解模型相较于原始低秩分解模型有所提升，下面将继续引入 ROC 曲线和 PR 曲线，分别如图 10.9、图 10.10 所示。由图 10.9 可知，ITV-RPCA 和 ATV-RPCA 模型整体上要优于

RPCA 模型,并且这两种模型的 ROC 曲线图基本重叠,这表明他们有着几乎一致的检测结果,图 10.10 中的 PR 曲线图进一步验证了 ITV-RPCA 和 ATV-RPCA 模型的优越性,并且可以看到 ATV-RPCA 模型的曲线要略高于 ITV-RPCA 模型。

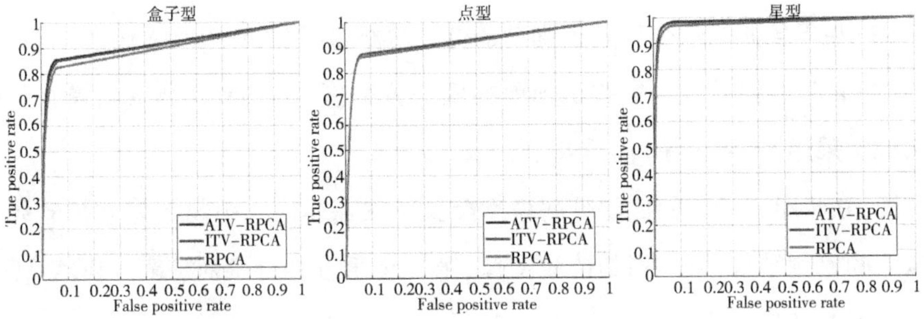

图 10.9　三种低秩分解模型配置方法的 ROC 曲线对比图

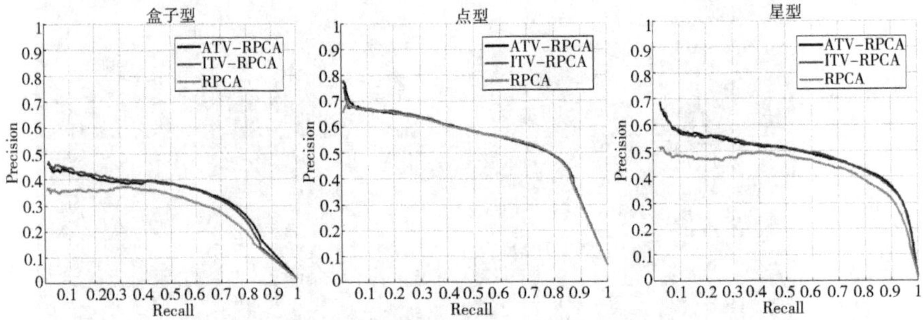

图 10.10　三种低秩分解模型配置方法的 PR 曲线对比图

综合来说,无论从定量分析,还是从定性分析上都表明,基于全变差正则项的低秩分解模型相较于原始的低秩分解模型确实可以更好地检测出疵点,并且就织物疵点检测问题来说,基于各向异性全变差正则项的低秩分解模型的检测效果要优于各向同性全变差,本章后续的实验将统一采用这种各向异性全变差正则项。

10.4.4　与现有方法的比较

通过上述的实验，已经分析了本章算法的最优模型配置和最优参数选取。为了进一步体现本章算法的优越性，下面将把本章算法与现有织物疵点检测算法进行比较，现有的织物疵点检测算法包括 PGLSR[40]，HOG[76]和 ULR[35]，检测对比图如图 10.11 所示，图 10.11(a)、(b)分别是在非模式织物图像、模式织物图像上的检测结果对比图，第一列是待测图像，第二至第五列分别是 ULR、HOG、PGLSR 和本章方法的疵点检测结果，第六列是本章方法的分割图。

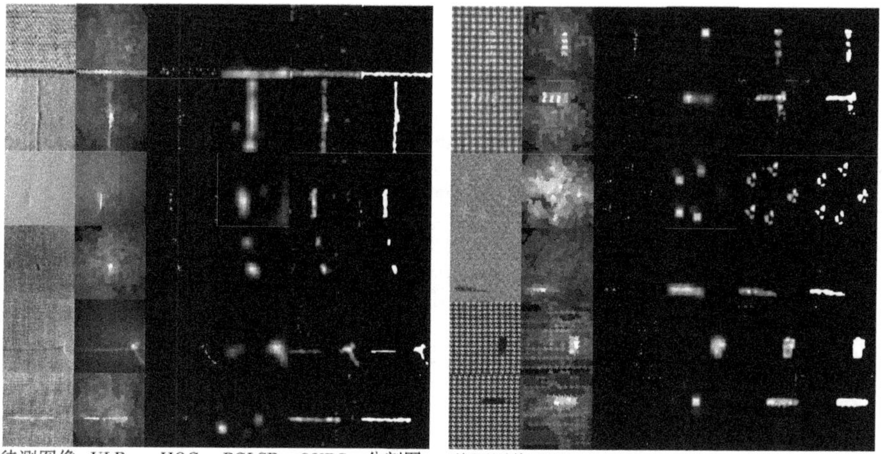

图 10.11　本章方法与现有方法生成的显著图的对比

从图 10.11 可以发现，ULR 方法只适用于检测简单的非模式织物图像和极少数模式织物图像，并且检测结果中含有大量的原始待测图像背景纹理信息，效果不佳。HOG 方法可以检测非模式织物图像和大多数模式织物图像，但疵点检测结果是离散的，出现了严重的疵点不连续情况。PGLSR 方法可以定位出所有图像疵点的位置信息，但几乎无法体现出疵点的轮廓信息。而本章的方法不仅可以定位出所有类型织物图像的位置信息，并且还几乎完全描述出了疵点的轮廓信息，这将有利于对疵点的进一步分类等工作。最后，通过改进的阈值分割方法得到了本章方法的疵点分割图,进一步体现了本章方法相对于现有的方法有较大的提升。

为了直观地展示本章方法要优于现有方法,将继续引入如图 10.12、图 10.13 所示的 ROC 曲线、PR 曲线。由图 10.12 可知,本章方法的曲线下面积(Area under curve,AUC)要远大于其他三种方法,表明了本章方法的优越性能。由图 10.13 可知,在点型、星型模式织物图像中,本章方法要优于现有三种方法,而在盒子型模式织物图像中,本章方法和 PGLSR 不相上下。综合来说,本章方法相较于传统方法更具有鲁棒性、有效性。

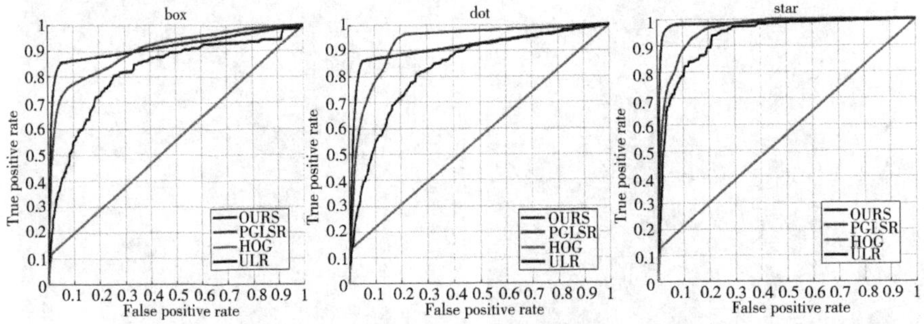

图 10.12　本章方法与现有方法生成显著图的 ROC 曲线对比图

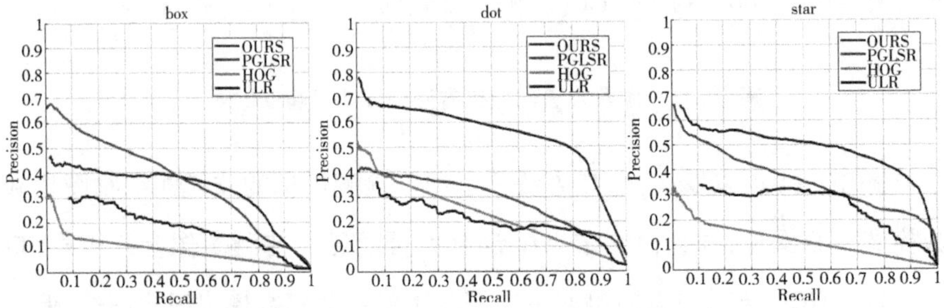

图 10.13　本章方法与现有方法生成显著图的 PR 曲线对比图

10.5　本章小结

本章提出了一种基于特征融合和全变差正则项的低秩分解模型。首先通过均匀分块将织物图像进行分块处理，再提取每一块的一阶梯度特征和二阶梯度特征，并分别经过PCA降维后，再通过典型相关分析法将这两种互补的单一特征提取方法进行融合，以提升图像表征能力，之后在原始的低秩分解模型中，引入全变差正则项来减少织物图像的部分噪声影响，最终由模型分解出的稀疏矩阵生成对应的疵点显著图，可再通过改进的阈值分割方法生成分割图。将本章算法生成的疵点分布图与其他目标检测模型生成的疵点分布图进行对比，无论是定量分析，还是定性分析，本章方法具有高度的有效性和鲁棒性。

然而即使是多特征的融合，还是无法实现对图像的全面表征，并且随着被融合特征的增加，计算量会呈现爆炸式增长，因此，如何实现对图像的更强表征是下一步的工作重点。并且由于噪声本身种类繁多，即使是在原始的低秩分解模型中引入了全变差正则项，在最终的检测结果中，还出现了部分的噪声，说明该模型还有进一步的改进空间。

第11章 基于深度特征和NTV-RPCA的织物疵点检测算法

上一章中提出的基于特征融合和TV-RPCA的织物疵点检测算法，虽然通过典型相关分析方法来对两种互补的特征进行融合，以更加全面的表征图像，但是这样的特征融合还是无法从根本上实现对图像的全面描述，毕竟融合技术只是有限个特征提取方法的融合，并且随着被融合特征矩阵的增加，模型的计算量会呈现爆炸式增长，另一方面融合技术的提升效果也会越来越不明显，融合技术的性价比会越来越低。另外，虽然采用基于全变差正则项的低秩分解模型进行显著度计算，可以在一定程度上消除织物图像中噪声的影响，但由于采用了凸的全变差正则项，它的最优解与真实解仍存在着偏差，无法达到去噪的最优效果。

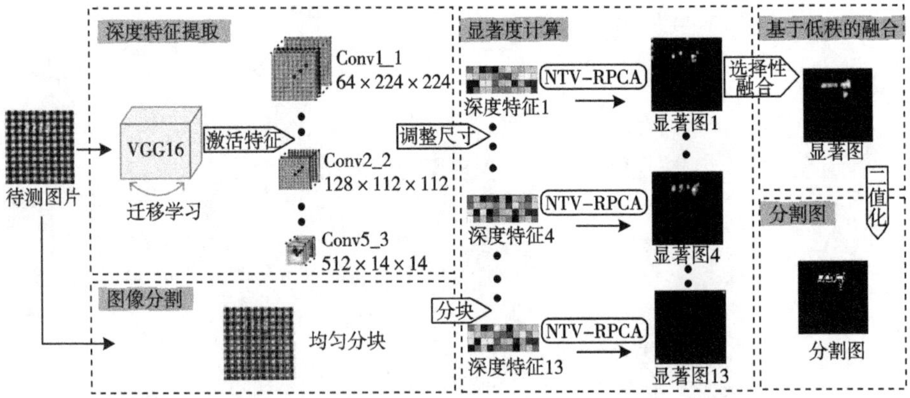

图11.1 基于深度特征和低秩分解模型的织物疵点检测算法

因此，本章将提出一种基于深度特征和低秩分解模型的织物疵点检测算法,如图 11.1 所示。首先,为了解决复杂纹理织物难以有效表征的问题,利用深度学习能够通过大数据刻画出数据丰富内在信息的特点,提取出多层次性深度特征;然后,为了提升全变差正则项的求解精度,结合莫罗包络(Moreau envelop)和极大极小凹(Minimax-concave)惩罚项的知识,提出了基于非凸全变差正则项的低秩分解模型(Non-convex total variation-RPCA,NTV-RPCA),模型通过交替方向乘子法思想求解,非凸全变差正则项采用前向—后向分裂(Forward-backward splitting ,FBS)算法求解;并采用低秩分解模型对多层次疵点显著图进行选择性地融合;最后采用一个简单的阈值操作来获得显著图的二值化结果。

11.1　层次性深度特征提取

特征描述子是一种可以将原始图片像素值转换到适当内在表征的算子,众所周知,这种描述子是构建一个模式识别和机器学习系统的基础,同时也起着决定性的作用。近十年来,经过大尺度视觉识别挑战大赛的推动,深度卷积神经网络已经在图像分类、定位、检测方面取得一系列令人瞩目的突破。通常,卷积神经网络被认为一种可迁移的特征描述子,它可以通过一种连续的层对层传播框架,来自动地学习到具有层次性和强表征力的特征,并且其中不需要掺杂过多的人工干预。然而,传统人工设计的特征描述子的好坏通常取决于设计者的知识储备,且在一定程度上取决于应用场景,比如 HOG 特征是一种专为行人检测设计的描述子,但在人脸识别领域,该描述子的性能要差于 LBP 特征。而卷积神经网络从生物神经网络得到启发,通过该网络提取的深度特征是一个自然的选择。所以,相对于传统手工特征来说,深度特征被认为是一个通用性、可迁移性更强的特征。受到这一点启发,本文将采用卷积神经网络进行特征提取。

使用卷积神经网络性能最理想的方法是将原始像素值作为输入,经过一个全新设计的端到端框架,再输出期望的结果。然而,要训练一个新的框架需要过万甚至是过十万的标签图片,当只有有限数据可用时,该问题十分棘手。不幸运的是,至今还未公开含有足够带标签图片的织物疵点图像来支持训练一个新的网络,我们只拥有一个私人图像库中的一部分。一个可以解决这一问题的方法是将经过 ImageNet 数据库[92]预训练的模型进行迁移学习。因为 ImageNet 库中包含了大量不同类型的图片,由该库所预训练出的模型提取的特征含有丰富、高区分度的信息。一般来说,迁移学习的常用方法是根据任务的输出目标,重新训练预训练模型的输出层。

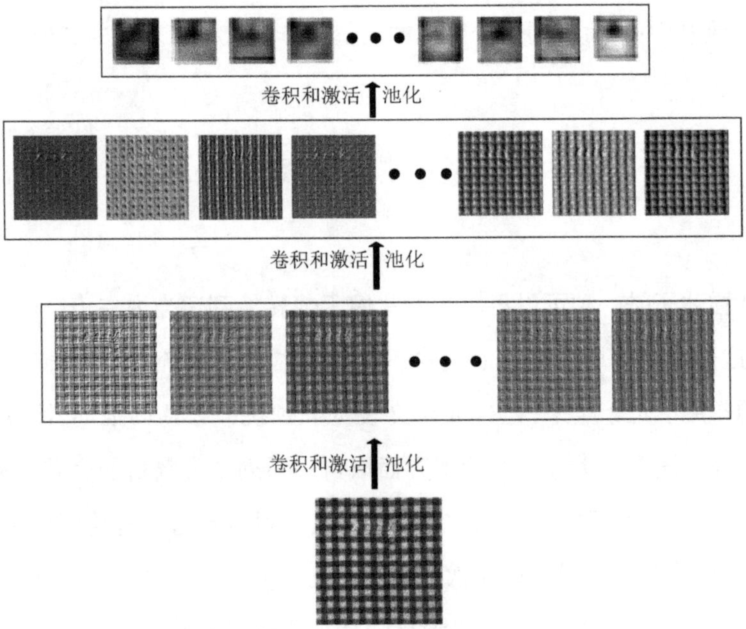

图 11.2 典型卷积网络架构

本书将采用 VGG-16[93]作为预训练模型来从织物图片中提取深度特征,因为这个模型比其他预训练模型有更好的可扩展性。VGG-16 有 13 个卷积层,这些层的激活可以被用作本层次的特征描述子。LeCun 等[94]提出卷积神经网络中第一个卷积层学习到的特征是图像中的边缘信息,就如 Gabor 滤波器组提取的低阶特征,后面卷积层提取的特征是前面局部特征的集合,但却会丢失一些像素点的区分度信息,如图 11.2 所示。对于 VGG-16 来说,13 个卷积层就相当于有 13 个特征提取器,越深卷积层提取到的是全局特征,显示了更多的语义信息。然而理论上，由于织物疵点检测问题是一个相对简单的视觉问题，图像中并不含有过多的语义信息，因此浅层的特征要比深层的特征更加重要。另外，考虑到 VGG-16 中的卷积层、池化层会使每一层的特征不一致，本章将每一层的特征图都统一调整到输入图片的大小，然后对于每个像素来说，它的深度特征就是特征图上相同位置上激活的串联。令 x_{il} 表示某一个卷积层的第 l 个特征图中第 i 个像素的激活，则织物图像中第 i 个像素提取的特征 f_i 可以表示为：

$$f_i = [x_{i1}, x_{i2}, \cdots, x_{il}] \tag{11.1}$$

在模式识别问题中，一个恰当的图像分割方法可以有效地减少计算量。目前，图像分割方法主要包括基于阈值、区域、边缘、特定理论的分割方法。由于织物图像背景相对于自然图像来说比较简单，复杂的分割方法会增加计算负担，并且不会明显地提高显著图的检测准确率。因此，本章将采用均匀分块，图像块的特征是该图像块中每个像素点特征向量的平均值。

$$\hat{f}_j = \frac{\sum_{i=1}^{N} f_i}{N} \tag{11.2}$$

式中：N 为第 j 个图像块 R_j 的像素点个数；f_i 为第 i 个像素点的特征向量；$\hat{f}_j$ 为图像块 R_j 的特征向量，则将每一块特征向量堆叠起来就形成本图像的特征矩阵。

$$F = [\hat{f}_1, \hat{f}_2, \cdots, \hat{f}_j] \tag{11.3}$$

11.2　基于非凸全变差正则项的 RPCA 模型的构建及求解

11.2.1　模型的建立

低秩分解模型又称为鲁棒主成分分析，由于其工作原理与人类视觉机制比较相似，该模型已经被广泛应用于自然图像的目标检测。另外，由于织物图像的低秩性和疵点的稀疏性，很多学者已经开始注意将低秩分解模型迁移到织物疵点检测领域。

织物是由经线和纬线以一定的规则编织而成，所以织物图像的背景可以被认为处于低维子空间的高度冗余信息，而其中出现的疵点会打破这一编织规则，且往往只占了整幅图像的较少区域，所以织物图像的疵点可以被认为是稀疏的小目标。因此，织物疵点检测问题与低秩分解模型极其相似，可通过下述公式表达：

$$\min_{L,S} \operatorname{rank}(\boldsymbol{L}) + \gamma \|\boldsymbol{S}\|_0 \quad s.t. \quad \boldsymbol{F} = \boldsymbol{L} + \boldsymbol{S} \tag{11.4}$$

式中：$\boldsymbol{F}$ 为上面提取的深度特征；$\boldsymbol{L}$ 为低秩矩阵表示图像背景；$\boldsymbol{S}$ 为稀疏矩阵表示疵点部分；γ 为这两项的平衡系数。

然而，由于受到相机传感器和生产工艺的影响，织物图像十分容易受到噪声的污染，对图像造成污染的噪声主要包括高斯噪声和加性噪声，它们都具有稀疏的特性。此时，若仅采用低秩分解模型进行疵点检测，这些稀疏噪声和稀疏疵点往往都会被分离到稀疏矩阵中，最终这些噪声会出现在疵点显著图中，导致噪声被误判为疵点，所以漂移问题（Drift problem）是织物疵点检测问题的一个重要难题。因此，建立一个有效的方法来进一步消除显著图中噪声是一项十分有意义的工作。为了实现这一目的，部分学者利用后处理手段建立一种分步处理方法，然而这样的两步处理过程不仅耗时而且增加了计算量。本文在低秩分解模型的基础上，将低秩约束、稀疏约束和全变差正则项进行整合，提出了一种单步处理方法，称为基于全变差正则项的低秩分解模型（TV-RPCA），可以通过下式来描述：

$$\min_{L,S} \operatorname{rank}(\boldsymbol{L}) + \gamma \|\boldsymbol{S}\|_0 + \beta \|\boldsymbol{S}\|_{TV} \quad s.t. \quad \boldsymbol{F} = \boldsymbol{L} + \boldsymbol{S} \tag{11.5}$$

式中：$\|\cdot\|_{TV}$ 表示全变差正则项（Total variation, TV），β 的作用与 γ 相同，也是一个平衡系数。

由于全变差正则项在保留边缘信息的前提下，可以实现抑制如噪声等不连续变化和促进空间区域性平滑，因此该正则项已经被广泛应用于图像和视频的去噪工作，它首次出现在 ROF 去噪模型中：

$$\min_{u} \lambda \ \|u\|_{\mathrm{TV}} + \frac{1}{2} \ \|u - f\|_2^2 \tag{11.6}$$

式中：$\boldsymbol{u} \in \boldsymbol{R}^{m\times m}$ 为一个二维图像；f 为对应的受噪声污染图像。全变差正则项将使最小解不会出现震荡、不连续的情况，第二项的限定能使去噪的图像无限还原出原图像，这样就达到了去噪的效果。

目前常用的全变差正则化函数有两个，分别定义为各向同性全变差 $\|Du\|_{2,1}$ 和各向异性全变差 $\|Du\|_1$：

$$\|u\|_{TV}^{\mathrm{iso}} := \sum_{i=1}^{m^2} \sqrt{|D_x u|^2 + |D_y u|^2} = \|D_i u\|_{2,1} \tag{11.7}$$

$$\|u\|_{TV}^{\mathrm{ani}} := \sum_{i=1}^{m^2} |D_x u| + |D_y u| = \|D_i u\|_1 \tag{11.8}$$

式中：D_x 和 D_y 分别为水平和垂直方向的一阶前向差分算子；$D_i = [D_x; D_y]$ 为这两个差分算子的堆叠；$D_i u$ 为 u 在每个像素点 i 上水平和垂直方向的一阶差分值。

则对应的全变差去噪模型也有两个版本，分别是基于各向同性全变差和基于各向异性全变差的去噪模型：

$$\min_{u} \lambda \ \|D_i u\|_{2,1} + \frac{1}{2} \ \|u - f\|_2^2 \tag{11.9}$$

$$\min_{u} \lambda \ \|D_i u\|_1 + \frac{1}{2} \ \|u - f\|_2^2 \tag{11.10}$$

这两个模型的建立都是基于凸正则项，各向同性版本式(11.9)对应着 $\mathcal{L}_{2,1}$ 范数，各向异性版本式(11.10)对应 $\mathcal{L}_1$ 范数，它们的求解通常采用**算法 10.1**，该算法是一种凸优化算法。尽管这样的凸正则项较容易求解，却会使优化出的解严重偏离真实解。

最近，随着非凸优化理论的发展，非凸求解方法被认为可以得到更加精准的解，因此本章将引入基于非凸全变差正则项的低秩分解模型 NTV-RPCA：

$$\min_{\boldsymbol{L},\boldsymbol{S}} \ \mathrm{rank}(\boldsymbol{L}) + \gamma \ \|\boldsymbol{S}\|_0 + \beta \ \|\boldsymbol{S}\|_{\mathrm{NTV}} \quad s.t. \quad \boldsymbol{F} = \boldsymbol{L} + \boldsymbol{S} \tag{11.11}$$

式中：$\|\cdot\|_{NTV}$ 表示非凸全变差正则项(Non-convex total variation, NTV)。

本小节不仅利用低秩分解模型来计算疵点显著度,而且利用全变差正则项可以实现像素间平滑度的特点,在一定程度上有效地去除织物图像中噪声的影响,再结合非凸求解能得到更佳最优解的理论,提出一种基于非凸全变差正则项的低秩分解模型,该模型将显著度计算模型和非凸去噪模型进行合并,不仅增加了模型的集成度,而且也压缩了计算复杂度。

11.2.2 模型的求解

由于 NTV-RPCA 模型中的 L_0 范数和秩函数都是非凸的,该模型是一个非凸优化模型,属于 NP-hard 问题。因此,笔者往往采用凸松弛,通过用 $\mathcal{L}_1$ 范数代替 $\mathcal{L}_0$ 范数,核范数代替秩函数,得到下面的凸松弛模型:

$$\min_{\boldsymbol{L},\boldsymbol{S}} \|\boldsymbol{L}\|_* + \gamma \|\boldsymbol{S}\|_1 + \beta \|\boldsymbol{S}\|_{\mathrm{NTV}} \quad s.t. \quad \boldsymbol{F} = \boldsymbol{L} + \boldsymbol{S} \tag{11.12}$$

式中:$\|\cdot\|_*$ 为核范数是矩阵特征值的和;$\|\cdot\|_1$ 为 $\mathcal{L}_1$ 范数是矩阵元素绝对值的和。

该式的求解需要引入一个辅助变量 $\boldsymbol{J}$:

$$\min_{\boldsymbol{L},\boldsymbol{S}} \|\boldsymbol{L}\|_* + \gamma \|\boldsymbol{S}\|_1 + \beta \|\boldsymbol{J}\|_{\mathrm{NTV}} \quad s.t. \quad \boldsymbol{F} = \boldsymbol{L} + \boldsymbol{S}, \boldsymbol{J} = \boldsymbol{S} \tag{11.13}$$

即使这样,直接求解上述问题依旧是极其困难的。目前,有多种方法可以间接的求出上述类型问题的最优解,其中 ADMM 方法被认为在求解速度和精度方面都优于其他算法。

上式的增广拉格朗日乘子式是:

$$\begin{aligned}
&\mathcal{L}(\boldsymbol{L},\boldsymbol{S},\boldsymbol{J},Y_1,Y_2,\mu) \\
&= \|\boldsymbol{L}\|_* + \gamma \|\boldsymbol{S}\|_1 + \beta \|J\|_{\mathrm{NTV}} + \langle Y_1, \boldsymbol{F} - \boldsymbol{L} - \boldsymbol{S}\rangle + \langle Y_2, \boldsymbol{S} - \boldsymbol{J}\rangle \\
&+ \frac{\mu}{2}(\|\boldsymbol{F} - \boldsymbol{L} - \boldsymbol{S}\|_F^2 + \|\boldsymbol{S} - \boldsymbol{J}\|_F^2) \\
&= \|\boldsymbol{L}\|_* + \gamma \|\boldsymbol{S}\|_1 + \beta \|\boldsymbol{J}\|_{\mathrm{NTV}} + \frac{\mu}{2}\left(\left\|\boldsymbol{F} - \boldsymbol{L} - \boldsymbol{S} + \frac{Y_1}{\mu}\right\|_F^2 + \left\|\boldsymbol{S} - \boldsymbol{J} + \frac{Y_2}{\mu}\right\|_F^2\right) \\
&- \frac{1}{2\mu}(\|Y_1\|_F^2 + \|Y_2\|_F^2)
\end{aligned} \tag{11.14}$$

式中：Y_1 和 Y_2 均为拉格朗日乘子；$\langle \cdot \rangle$ 为内积操作；$\| \cdot \|_F$ 为 $\mathcal{F}$ 范数是矩阵内元素的平方和再开方；μ 是一个惩罚项，且大于 0。该增广拉格朗日乘子式的求解可转换为三个子问题的求解：

更新 $\boldsymbol{L}$：保持其他变量不变，则第 k+1 次 $\boldsymbol{L}^{k+1}$ 的子问题为：

$$\begin{aligned} \boldsymbol{L}^{k+1} &= \arg\min_{L} \ \mathcal{L}\left(\boldsymbol{L}, \boldsymbol{S}^k, \boldsymbol{J}^k, {Y_1}^k, {Y_2}^k, \mu^k\right) \\ &= \arg\min_{L} \ \| \boldsymbol{L} \|_* + \frac{\mu}{2}\left(\left\| \boldsymbol{F} - \boldsymbol{L} - \boldsymbol{S}^k + \frac{{Y_1}^k}{\mu^k} \right\|_F^2 \right) \\ &= \arg\min_{L} \ \frac{1}{\mu} \| \boldsymbol{L} \|_* + \frac{1}{2} \left\| \boldsymbol{L} - \left(\boldsymbol{F} - \boldsymbol{S}^k + \frac{{Y_1}^k}{\mu^k} \right) \right\|_F^2 \end{aligned} \tag{11.15}$$

更新 $\boldsymbol{S}$：保持其他变量不变，则第 k+1 次 $\boldsymbol{S}^{k+1}$ 的子问题为：

$$\begin{aligned} \boldsymbol{S}^{k+1} &= \arg\min_{S} \ \mathcal{L}\left(\boldsymbol{L}^{k+1}, \boldsymbol{S}, \boldsymbol{J}^k, {Y_1}^k, {Y_2}^k, \mu^k\right) \\ &= \arg\min_{S} \ \gamma \| \boldsymbol{S} \|_1 + \langle {Y_1}^k, \boldsymbol{F} - \boldsymbol{L}^{k+1} - \boldsymbol{S} \rangle + \langle {Y_2}^k, \boldsymbol{S} - \boldsymbol{J}^k \rangle \\ &\quad + \frac{\mu}{2}\left(\| \boldsymbol{F} - \boldsymbol{L}^{k+1} - \boldsymbol{S} \|_F^2 + \| \boldsymbol{S} - \boldsymbol{J}^k \|_F^2 \right) \\ &= \arg\min_{S} \ \frac{\gamma}{2\mu} \| \boldsymbol{S} \|_1 + \frac{1}{2} \left\| \boldsymbol{S} - \frac{1}{2}\left(\boldsymbol{J}^k + \boldsymbol{F} - \boldsymbol{L}^{k+1} + \left({Y_1}^k - {Y_2}^k \right) / \mu \right) \right\|_F^2 \end{aligned} \tag{11.16}$$

更新 $\boldsymbol{J}$：保持其他变量不变，则第 k+1 次 $\boldsymbol{J}^{k+1}$ 的子问题为：

$$\begin{aligned} \boldsymbol{J}^{k+1} &= \arg\min_{J} \ \mathcal{L}\left(\boldsymbol{L}^{k+1}, \boldsymbol{S}^{k+1}, \boldsymbol{J}, {Y_1}^k, {Y_2}^k, \mu^k\right) \\ &= \arg\min_{J} \ \beta \| \boldsymbol{J} \|_{\mathrm{NTV}} + \frac{\mu^k}{2} \left\| \boldsymbol{S}^{k+1} - \boldsymbol{J} + \frac{{Y_2}^k}{\mu^k} \right\|_F^2 \\ &= \arg\min_{J} \ \frac{\beta}{\mu^k} \| \boldsymbol{J} \|_{\mathrm{NTV}} + \frac{1}{2} \left\| \boldsymbol{J} - \left(\boldsymbol{S}^{k+1} + \frac{{Y_2}^k}{\mu^k} \right) \right\|_F^2 \end{aligned} \tag{11.17}$$

经过代数变换，式(11.15)和式(11.16)可以分别采用**定理 10.1**、**定理 10.2** 求解，式(11.17)实际上可以泛化为一个非凸全变差去噪模型，同时也包括了各向异性版本和各向同性版本。所提的非凸全变差正则项是基于莫罗包络

(Moreau envelop)和极大极小凹(Minimax-concave)惩罚项[95],可通过下面的前向—后向分裂(Forward-backward splitting ,FBS)算法[96]来求解。首先回顾几个定义:

定义 11.1:对于一般的凸优化问题 $\min_x f(x)+g(x)$,其中$f(x)$ 是凸函数且可差分, $g(x)$ 是任意凸的,它的前向—后向分裂迭代算法为:

$$z^k = x^k - \mu P(x^k) \tag{11.18}$$

$$x^{k+1} = (I+\mu Q)^{-1}(z^k) = \text{prox}_{\mu Q}(z^k) \tag{11.19}$$

式中: $P(x)=\nabla f(x)$, $Q(x)=\nabla g(x)$, μ 为大于 0 的数。当 $0<\mu<2/L(\nabla f)$, $L(\nabla f)$ 是 ∇f 的李普希茨常数时,该迭代算法可达到收敛。

定义 11.2:对于一个凸函数f ,它的近端算子定义为:

$$\text{prox}_f(x) = \arg\min_y f(y) + \frac{1}{2}\|y-x\|_2^2 \tag{11.20}$$

式(11.17)经过数学变化后,非凸全变差正则项去噪模型的一般写法可以表示为:

$$\min_u \lambda \|u\|_{\text{NTV}} + \frac{1}{2}\|u-f\|_2^2 \tag{11.21}$$

首先,分析各向同性非凸全变差正则项情况:

$$\min_u \lambda \|u\|_{\text{INTV}} + \frac{1}{2}\|u-f\|_2^2 \tag{11.22}$$

为了便于描述,令 $\|\cdot\|_{\text{INTV}} := \varphi_\alpha(\cdot)$ 。

$$\min_u \lambda \varphi_\alpha(u) + \frac{1}{2}\|u-f\|_2^2 \tag{11.23}$$

式中: $\varphi_\alpha(u)$ 是式(11.7)的极大极小凹(Minimax-concave, MC)惩罚项,如式(11.24)所示。当且仅当 $0\leqslant\alpha\leqslant 1/\lambda$ 时,该模型是凸的;当 $\alpha=0$ 时,该模型将退化为全变差去噪模型式(11.9)。

式(11.7)的 MC 惩罚项 $\varphi_\alpha(u)$ 可以表示为:

$$\varphi_\alpha(u) = \|D_i u\|_{2,1} - \delta_\alpha(u) \tag{11.24}$$

式中, $\delta_\alpha(u)$ 是式(11.7)的莫罗包络,可以表示为各向同性全变差正则项和一个可差分凸函数的相减，如式(11.25)所示：

$$\delta_{\alpha}(u) = \min_{x} \| D_i x \|_{2,1} + \frac{\alpha}{2} \| u - x \|_2^2 \tag{11.25}$$

然后，将式(11.24)、式(11.25)代入式(11.23)中，得到下面这个鞍点问题：

$$\min_{u} \max_{x} \frac{1}{2} \| u - f \|_2^2 + \lambda \| D_i u \|_{2,1} - \lambda \| D_i x \|_{2,1} - \frac{\alpha\lambda}{2} \| u - x \|_2^2 \tag{11.26}$$

令 $G_{\alpha}(u,\mathrm{x}) = \frac{1}{2} \| u - f \|_2^2 + \lambda \| D_i u \|_{2,1} - \lambda \| D_i x \|_{2,1} - \frac{\alpha\lambda}{2} \| u - x \|_2^2$，则有：

$$\frac{\partial G_{\alpha}(u,x)}{\partial u} = u - f - \alpha\lambda(u - x) + \lambda \frac{\partial \| D_i u \|_{2,1}}{\partial u} \tag{11.27}$$

$$\frac{\partial G_{\alpha}(u,x)}{\partial x} = \alpha\lambda(u - x) - \lambda \frac{\partial \| D_i x \|_{2,1}}{\partial x} \tag{11.28}$$

然后，令 $\boldsymbol{P}(u,\mathrm{x}) = \begin{bmatrix} 1-\alpha\lambda & \alpha\lambda \\ -\alpha\lambda & \alpha\lambda \end{bmatrix} \begin{bmatrix} u \\ x \end{bmatrix} - \begin{bmatrix} f \\ 0 \end{bmatrix}$，$\boldsymbol{Q}(u,x) = \begin{bmatrix} \lambda\partial \| D_i u \|_{2,1} / \partial u \\ \lambda\partial \| D_i x \|_{2,1} / \partial x \end{bmatrix}$，则根据定义 11.1，式(11.25)的前向—后向分裂迭代式为：

$$\begin{bmatrix} w^k \\ v^k \end{bmatrix} = \begin{bmatrix} u^k \\ x^k \end{bmatrix} - \mu \boldsymbol{P}(u,v) \tag{11.29}$$

$$\begin{bmatrix} u^{k+1} \\ x^{k+1} \end{bmatrix} = \mathrm{prox}_{\mu Q} \begin{bmatrix} w^k \\ v^k \end{bmatrix} \tag{11.30}$$

最后，由**定义 11.2**，式(11.30)可以转化为：

$$u^{k+1} = \arg\min_{u} \mu\lambda \| D_i u^k \|_{2,1} + \frac{1}{2} \| u^k - w^k \|_2^2 \tag{11.31}$$

$$x^{k+1} = \arg\min_{x} \mu\lambda \| D_i x^k \|_{2,1} + \frac{1}{2} \| x^k - v^k \|_2^2 \tag{11.32}$$

根据上述分析，各向同性非凸全变差去噪模型式(11.22)的前向—后向分裂迭代算法如**算法 11.1** 所示：

算法 11.1 FBS 迭代算法求解各向同性非凸全变差去噪模型

输入: $f, u^0, x^0, \lambda > 0, 0 < \alpha < 1/\lambda, 0 < \mu < 2/\max\{1, \alpha\lambda/(1-\alpha\lambda)\}$

当未达到收敛时:

1. 更新变量 w

$$w^{k+1} = u^k - \mu[(1-\alpha\lambda)u^k + \alpha\lambda x^k - f]$$

2. 更新变量 v

$$v^{k+1} = x^k - \mu\alpha\lambda(x^k - u^k)$$

3. 更新变量 u

$$u^{k+1} = \mathrm{prox}_{\mu\lambda \| D_i u^k \|_{2,1}}(w^{k+1})$$

4. 更新变量 x

$$x^{k+1} = \mathrm{prox}_{\mu\lambda \| D_i u^k \|_{2,1}}(v^{k+1})$$

5. 检查是否满足收敛条件

$$\frac{\max[\mathrm{abs}(u^{k+1} - u^k)]}{\max[\mathrm{abs}(u^k)]} \leqslant 1e^{-3}$$

6. $k = k + 1$

结束

输出: u^{k+1}

同理,各向同性非凸全变差去噪模型为:

$$\min_u \quad \lambda \| u \|_{\mathrm{ANTV}} + \frac{1}{2} \| u - f \|_2^2 \tag{11.33}$$

其对应的鞍点问题为:

$$\min_u \max_x \quad \frac{1}{2} \| u - f \|_2^2 + \lambda \| D_i u \|_1 - \lambda \| D_i x \|_1 - \frac{\alpha\lambda}{2} \| u - x \|_2^2 \tag{11.34}$$

通过求偏导数后,由**定义 11.1** 和**定义 11.2** 可推导出各向同性非凸全变差去噪模型式(11.33)的前向—后向分裂迭代算法,如**算法 11.2** 所示:

算法 11.2　FBS 迭代算法求解各向异性非凸全变差去噪模型

输入：$f,u^0,x^0,\lambda > 0,0 < \alpha < 1/\lambda,0 < \mu < 2/\max\{1,\alpha\lambda/(1-\alpha\lambda)\}$

当未达到收敛时：

1. 更新变量 w

$$w^{k+1} = u^k - \mu[(1-\alpha\lambda)u^k + \alpha\lambda x^k - f]$$

2. 更新变量 v

$$v^{k+1} = x^k - \mu\alpha\lambda(x^k - u^k)$$

3. 更新变量 u

$$u^{k+1} = \mathrm{prox}_{\mu\lambda\|D_iu^k\|_1}(w^{k+1})$$

4. 更新变量 x

$$x^{k+1} = \mathrm{prox}_{\mu\lambda\|D_iu^k\|_1}(v^{k+1})$$

5. 检查是否满足收敛条件

$$\frac{\max[\mathrm{abs}(u^{k+1} - u^k)]}{\max[\mathrm{abs}(u^k)]} \leqslant 1\mathrm{e}^{-3}$$

6. $k = k + 1$

结束

输出：u^{k+1}

当**算法 11.1**、**算法 11.2** 分别达到各自的收敛条件时，可以得到各项异性和各向同性非凸全变差正则项去噪模型的最优解 u^{k+1}。

更新 Y_1、Y_2，更新拉格朗日乘子项 Y_1 和 Y_2：

$$Y_1{}^{k+1} = Y_1{}^k + \mu^k(\boldsymbol{F} - \boldsymbol{L}^{k+1} - \boldsymbol{S}^{k+1}) \tag{11.35}$$

$$Y_2{}^{k+1} = Y_2{}^k + \mu^k(\boldsymbol{S}^{k+1} - \boldsymbol{J}^{k+1}) \tag{11.36}$$

更新 μ，更新惩罚项 μ：

$$\mu^{k+1} = \min(\mu_{\max},\rho\mu^k) \tag{11.37}$$

循环更新这些变量,直到达到收敛条件:

$$\| F - L^{k+1} - S^{k+1} \|_F / \| F \|_F < \text{tol} \tag{11.38}$$

综上所述,基于非凸全变差正则项的低秩分解模型的解法如**算法 11.3** 所示:

算法 11.3　ADMM 算法求解基于非凸全变差正则项的低秩分解模型

输入:深度特征矩阵 F,参数 $\gamma > 0, \beta > 0$

初始化:$L^0 = S^0 = J^0 = 0, Y_1^0 = F/\max(\| F \|_2, \gamma^{-1} \| F \|_\infty), Y_2^0 = 0, \mu^0 = 1.25/ \| F \|_2, \mu_{\max} = \mu^0 10^7, \rho = 1.5, k = 0, \text{tol} = 3e^{-4}$。

当未达到收敛时

1. 固定其他变量,采用定理 10.1 更新 L

$$L^{k+1} = \arg\min_L \frac{1}{\mu} \| L \|_* + \frac{1}{2} \left\| L - \left(F - S^k + \frac{Y_1^k}{\mu^k} \right) \right\|_F^2$$

2. 固定其他变量,采用定理 10.2 更新 S

$$S^{k+1} = \arg\min_S \frac{\gamma}{2\mu} \| S \|_1 + \frac{1}{2} \left\| S - \frac{1}{2}(J^k + F - L^{k+1} + (Y_1^k - Y_2^k)/\mu) \right\|_F^2$$

3. 固定其他变量,采用算法 11.1 或算法 11.2 更新 J

$$J^{k+1} = \arg\min_J \frac{\beta}{\mu^k} \| J \|_{\text{NTV}} + \frac{1}{2} \left\| J - \left(S^{k+1} + \frac{Y_2^k}{\mu^k} \right) \right\|_F^2$$

4. 更新拉格朗日乘子项 Y_1, Y_2 和惩罚项 μ

$$Y_1^{k+1} = Y_1^k + \mu^k (F - L^{k+1} - S^{k+1})$$

$$Y_2^{k+1} = Y_2^k + \mu^k (S^{k+1} - J^{k+1})$$

$$\mu^{k+1} = \min(\mu_{\max}, \rho\mu^k)$$

5. 检查收敛条件

$$\| F - L^{k+1} - S^{k+1} \|_F / \| F \|_F < \text{tol}$$

---

6. $k = k + 1$

结束

output： S^{k+1}

11.3　显著图生成

通过基于非凸全变差正则项的低秩分解模型的建立与求解，可以得到疵点对应稀疏矩阵的最优解 S^* 。每一个图像块 R_j 的显著度可通过计算 S^* 中第 j 列的和来表示：

$$m(R_j) = \| S^*(:,j) \|_1 \tag{11.39}$$

$m(R_j)$ 的值越大表示该图像块属于疵点的概率越大，根据均匀分块时的空间对应关系可生成显著图。

11.4　显著图融合

本章采用深度网络 VGG-16 提取出多层次的特征，每一个卷积层都对应了一个层次的深度特征，因此，可以得到 13 个不同层次的疵点显著图，为了得到一个包含较全面特征信息的显著图，将选择性地融合这些多层次显著图。尽管这些疵点显著图是由不同层次的深度特征得到的，但它们的检测目标一致，每个显著图堆积形成的矩阵应当符合低秩性，所以本小节将采用低秩分解模型对这些不同层次的疵点显著图进行融合。

由于最后几个卷积层提取的特征高度集中，已经丢失了像素点的区分度信息，而最初的几个卷积层提取的特征感受野(Receptive field)过小，所以将选择

性地只融合 n 个层次的显著图。将每个显著图都展开为一个行向量，并将它们堆积成一个矩阵 $\hat{\boldsymbol{m}}$，如下式所示：

$$\hat{\boldsymbol{m}} = [m_1, m_2, \cdots, m_n] \tag{11.40}$$

这个矩阵一定满足低秩性，将它通过凸松弛后的低秩分解模型，如式(11.41)所示。理想情况下，当不同卷积层提取的特征都属于同一层次时，它的秩甚至会达到 1。

$$\min_{l,S} \operatorname{rank}(l) + \gamma \| S \|_0 \quad s.t. \quad \hat{\boldsymbol{m}} = l + S \tag{11.41}$$

最优解 S 的某一行 S_i 表示对应层次显著图的不一致性，S_i 越大表明该层次显著图与其他显著图越不一致，即该层次显著图应当被赋予更低的权重：

$$\omega_i = \frac{\exp(-\| S_i \|_1^2)}{\sum_{i=1}^{n} \exp(-\| S_i \|_1^2)} \tag{11.42}$$

最终，多层次显著图的融合结果可以表示为：

$$M = \sum_{i=1}^{n} \omega_n * m_n \tag{11.43}$$

11.5 显著图二值化

为了更加清楚、明了地检测出疵点区域，本小节将通过阈值分割来得到显著图的二值化结果。由于，疵点区域一般只占整幅织物图像的一小部分，一个简单的阈值操作就可以自动地估计出阈值的上限和下限，如式(11.44)所示：

$$T = \mu \pm c \cdot \sigma \tag{11.44}$$

式中：c 为一个常数；μ 和 σ 分别为显著图中像素值的均值和标准差。

则显著图的二值化结果 $\hat{M}(i,j)$ 为：

$$\hat{M}(i,j) = \begin{cases} 0, & \mu - c \cdot \sigma < M(i,j) < \mu + c \cdot \sigma \\ 255, & \text{otherwise} \end{cases} \tag{11.45}$$

式中：i 和 j 为像素点位置；$M(i,j)$ 为融合显著图。

11.6　实验结果及分析

为了验证本章算法的有效性和鲁棒性，将继续在两个织物图像库中做控制变量实验，并比较本章方法与现有检测方法的检测效果。两个织物图像库包括非模式织物图像库 TILDA 织物图像库和香港大学的模式图像数据库（包括星型、盒子型及点型三种模式织物，图片数量分别为 25 幅、26 幅、30 幅）。本章的所有实验均在 Inter（R） Core（TM） i7.8750H 的 CPU 和 NVIDIA GeForce GTX 1080 的 GPU 环境下，使用仿真工具 MATLAB 2018b 完成，织物图像大小设定为 256pixel×256pixel。基于非凸全变差正则项的低秩分解模型中的参数 γ 和 β 分别设定为 0.0016 和 0.01。

11.6.1　多层次深度特征对比

本章采用的特征提取方法是基于深度学习框架 VGG-16 的特征提取，深度学习实际上是通过带有标签的训练数据来学习一个个特征判断系统中的运算法则，对于复杂问题的表征，特征判断系统的运算法则可能比较复杂，通过多卷积层的计算将复杂判断系统的运算法则变为一个个易于计算的卷积核，从而更方便地提取图像特征，完成对图像的分析与处理。这多层相连的卷积层正是学习到的特征，本章的特征提取是基于 VGG-16 的，该框架共有 13 个卷积层，因此就对应有 13 种不同特征图，较浅层能够提取出浅层低阶特征，较深层提取高阶语义信息。对于织物疵点检测这样的简单问题，浅层特征应该更加重要，为了验证这一点，本小节将把 13 个卷积层提取的特征分别作为图像的特征矩阵，显著度计算模型统一采用低秩分解模型，检测结果对比图如图 11.3 所示。

实验发现从 Conv4_2 卷积层开始，后面几层提取的是高度抽象的语义信息，特征高度抽象化，对比度信息逐渐丢失，不再适用于表征疵点这一类小目标,因此图 11.3 中只展示了前 9 层有参考性的结果。可以看到,对于盒子型模式织物图像,Conv3_1 卷积层提取的特征最具有表征力,对于点型模式织物图像,Conv2_2 卷积层的检测结果最佳,对于星型模式织物图像,Conv3_3 是最佳

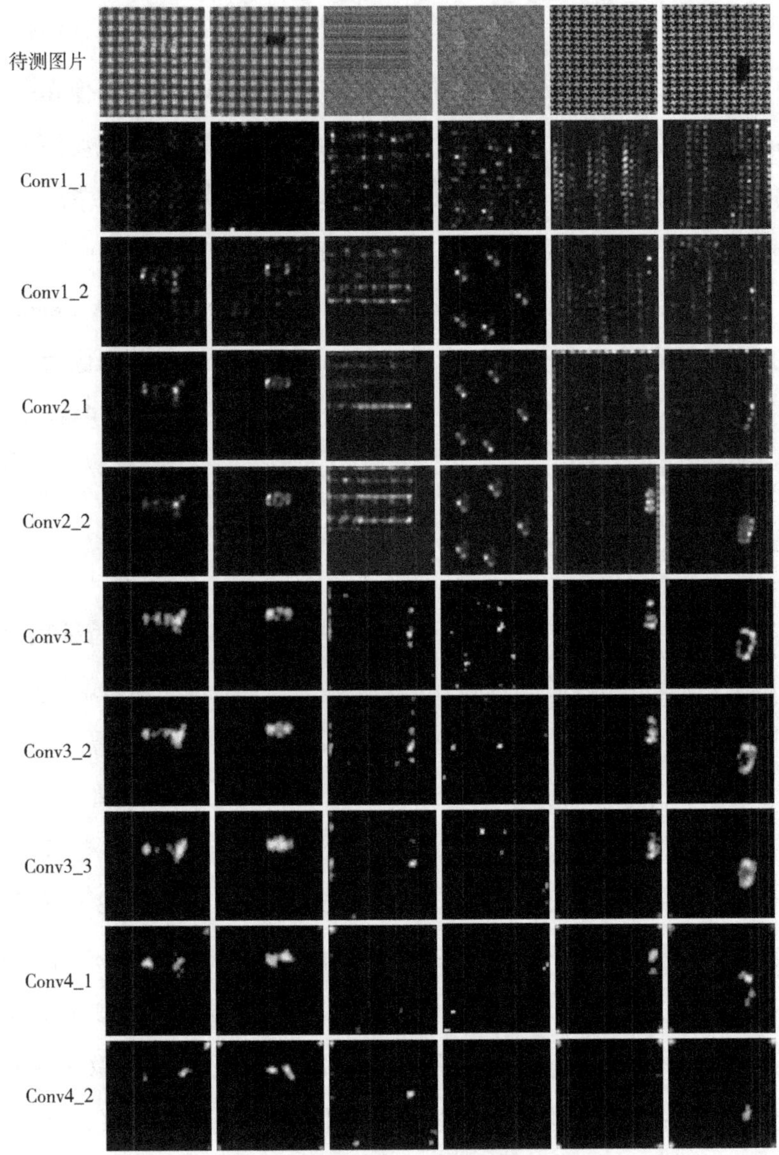

图 11.3　多层次深度特征检测结果对比图

的特征提取层,另外其他卷积层学习到的特征也含有一定补充信息。因此,不同织物图像疵点检测问题的最佳特征表征层是不同的,为了实现所有织物图像的最佳检测效果,本章将选择性地把 n 个卷积层的显著图进行融合。

若随机式选择 n 个卷积层的显著图进行融合,这样的方法是低效率的,甚至造成融合显著图不如单层显著图,为了科学地计算出把哪 n 个卷积层的显著图进行融合,下面将定性地计算出多层次深度特征检测结果 PR 曲线图,如图 11.4 所示。

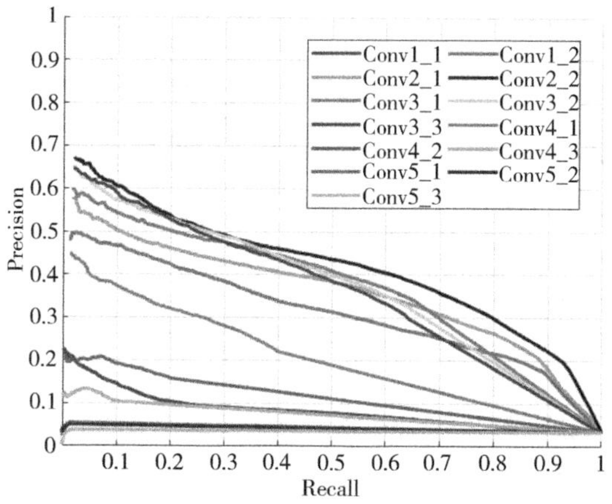

图 11.4　多层次深度特征检测结果 PR 曲线对比图

可以看到,整体来说 Conv2_2 的检测效果最佳,前两层和后六层的检测效果较差,中间五层的检测结果差距不大,结合这些信息,将把 Conv2_1 ~ Conv3_3 这五个卷积层得到的显著图进行融合,即 $n = 5$。

11.6.2　非凸全变差的对比

本章采用的基于非凸全变差正则项的低秩分解模型比第三章中的低秩分解模型具有更好的优越性,为了体现这一点,本小节将把五种不同低秩分解模型配置方法的检测结果进行对比,模型配置方法分别包括:

(1)低秩分解模型 RPCA。

(2)基于各项同性全变差正则项的低秩分解模型 ITV-RPCA。

(3)基于各项异性全变差正则项的低秩分解模型 ATV-RPCA。

(4)基于非凸各项同性全变差正则项的低秩分解模型 NITV-RPCA。

(5)基于非凸各项异性全变差正则项的低秩分解模型 NATV-RPCA。为了实现公平的对比试验,特征提取部分将统一采用第三章的基于典型相关分析的特征融合方法 CCA-serial,并且参与对比的各模型参数都调至最优。

结果对比图如图 11.5 所示。第一行为待检测织物图片,第二至第六行分别是采用 RPCA,ITV-RPCA,ATV-RPCA,NITV-RPCA 和 NATV-RPCA 模型的检测结果。由于后两列的待测图像为非模式织物图像,检测较为简单,因此五种模型配置方法几乎有着相同的检测效果,无法体现本章显著度计算模型的优越性。而在前六列模式织物图像中,检测由上到下呈现越来越好的状态,第三、第四行检测结果采用的是 ITV-RPCA 和 ATV-RPCA 模型,这种改进模型是在 RPCA 模型的基础上加了全变差正则项,相较于第二行结果含有较少的噪声,体现了全变差正则项的价值。

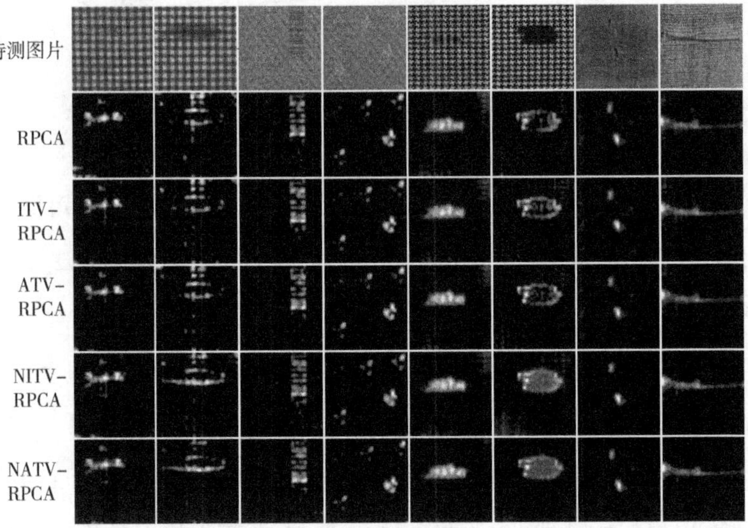

图 11.5　五种低秩分解模型配置方法的检测对比图

后两行检测结果采用的 NITV-RPCA 和 NATV-RPCA 模型,这种模型在 ITV-RPCA 和 ATV-RPCA 的基础上采用非凸的求解方法,检测结果含有更少的噪声。尤其是第二列和第六列的模式织物图像，第二列图像中含有的疵点相较于背景图像的区分度信息较弱，检测任务较为困难，第二至第四行的疵点检测结果轮廓确实较为严重，从后两行的检测结果可以看出，本章 NITV-RPCA 和 NATV-RPCA 模型可以较为完整地检测出疵点的轮廓；第六列图像中含有的疵点区域较大，很容易只检测出大疵点区域的轮廓，将疵点内部区域漏检，可以看到 ITV-RPCA，ATV-RPCA 模型比 RPCA 模型有一定的改进，可以较完整地检测出大疵点的内部区域，而 NITV-RPCA 和 NATV-RPCA 模型更进一步，完整地检测出了大疵点区域的轮廓和内部信息，这体现了非凸求解全变差正则项的价值。这不仅再次表明上一章中采用的基于全变差正则项的低秩分解模型的优越性，并且也说明了本章采用的基于非凸全变差正则项的低秩分解模型相较于第 10 章的模型有了更进一步的改进。

为了更直观地看到本章低秩分解模型比 RPCA 模型和第 10 章的模型更好，下面将继续引入 ROC 曲线图和 PR 曲线图，把 RPCA，ITV-RPCA，ATV-RPCA，NITV-RPCA，NATV-RPCA 五种低秩分解模型配置方法进行定性分析，分别如图 11.6、图 11.7 所示。从图 11.6 可以看到，本章采用的 NITV-RPCA 和 NATV-RPCA 模型在曲线图的最上方，表明这两种模型确实都要优于其他三种模型，尤其是在盒子型模式织物图像中，提升效果最为明显。在图 11.7 中，本章的两种模型同样位于曲线最上方，这再次证明了 NITV-RPCA 和 NATV-RPCA 模型的优越性。

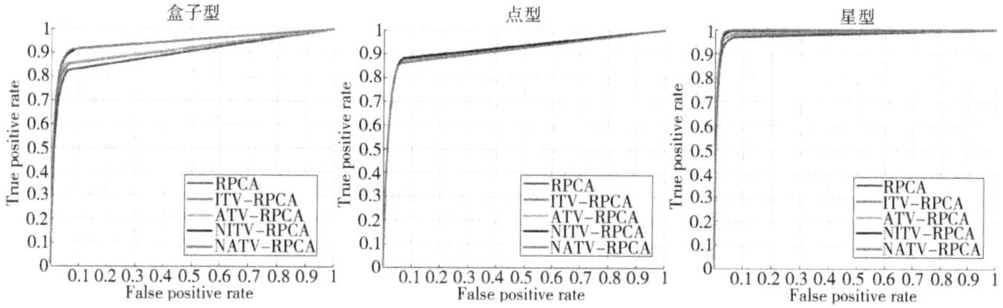

图 11.6　五种低秩分解模型配置方法的 ROC 曲线对比图

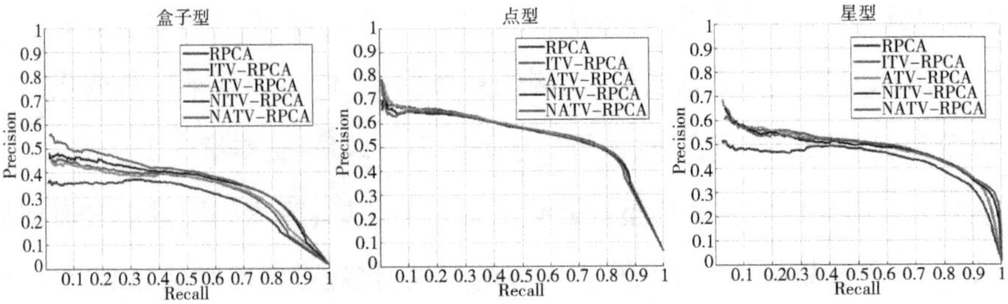

图 11.7　五种低秩分解模型配置方法的 PR 曲线对比图

11.6.3　与现有方法的比较

通过上面的对比实验,已经分析了本章特征提取算法和显著度计算模型的优越性。为了进一步体现本章算法的有效性,下面将把本章算法与现有织物疵点检测算法进行比较,特征提取算法采用 VGG-16,显著度计算模型采用基于非凸各项异性全变差正则项的低秩分解模型 NATV-RPCA,最终将由卷积层 Conv2_1~Conv3_3 得到的 5 幅显著图进行融合。现有的织物疵点检测算法包括 PGLSR[40],HOG[76] 和 ULR[35],检测对比图如图 11.8 所示,第一列是待测图像,第二至第五列分别是 ULR、HOG、PGLSR 和本章方法的疵点检测结果,待测图像包括非模式织物图像和模式织物图像。

对于背景无花纹的非模式织物图像来说,四种检测结果相差不大,都能够较准确地检测出疵点。对于背景复杂的模式织物图像来说,现有的方法只适用于某些类型的织物图像,普适性不高,比如 HOG 和 ULR 方法都很容易受到图像背景图案的影响,背景花纹极易被检测为疵点,且 HOG 方法的检测结果出现了严重的疵点不连续情况,而 PGLSR 方法虽然几乎可以检测出所有类型的疵点,但其检测结果中丢失了大量疵点轮廓信息,而轮廓信息对疵点的后续修补工作是极有参考价值的。需要格外注意的是第五行的点型模式织物图像,类似于疵点占据整幅图像大部分的情况,传统的疵点检测一直难以有效地检测,但本章采用的基于深度特征的检测方法可以较好地检测出疵点。

为了更加直观地说明本章方法优于现有方法,将继续采用定量分析的方

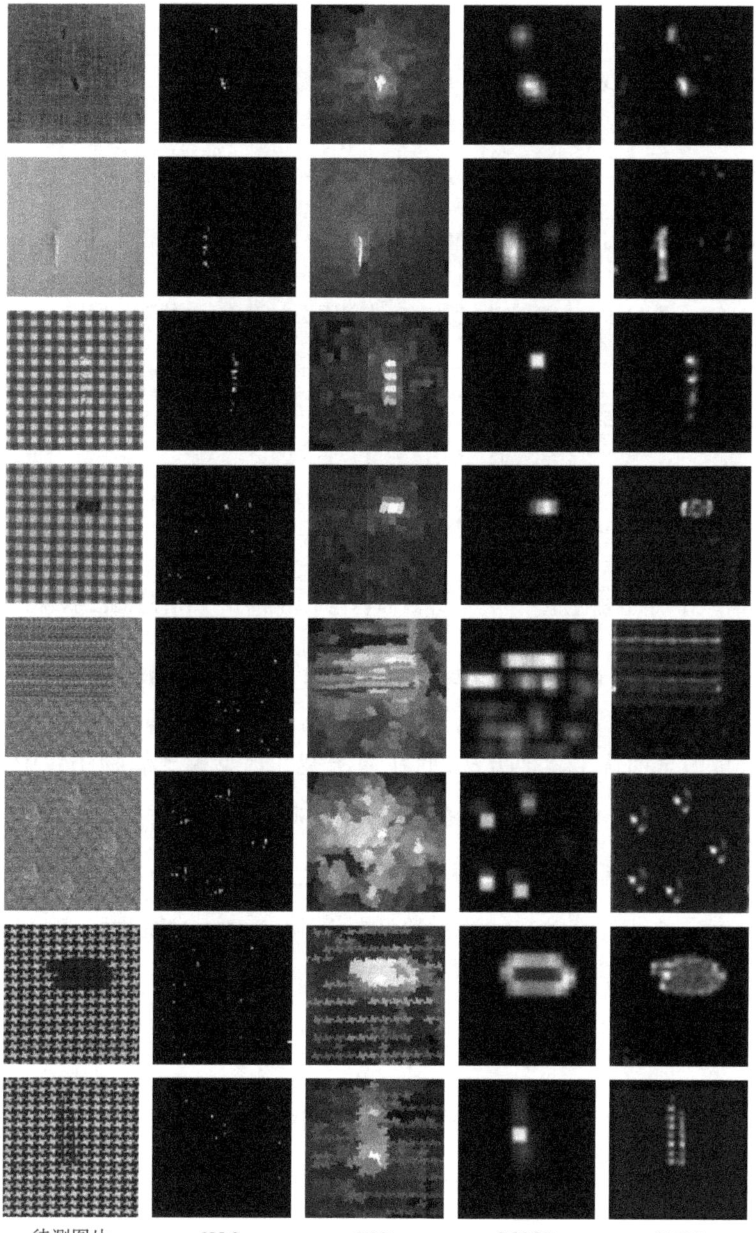

图 11.8　本章方法与现有方法生成的显著图的对比

法，如图 11.9、图 11.10 所示。由图 11.9 可知，在三种织物类型的 ROC 曲线图中，本章方法均全面超越现有方法，由图 11.10 可知，在点型模式织物图像中，

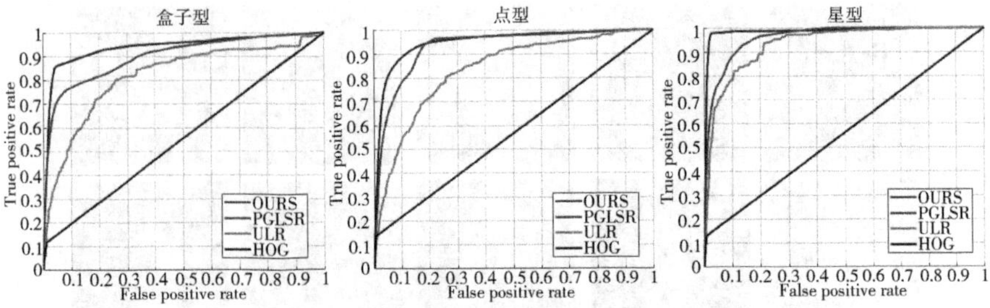

图 11.9　本章方法与现有方法显著图的 ROC 曲线对比图

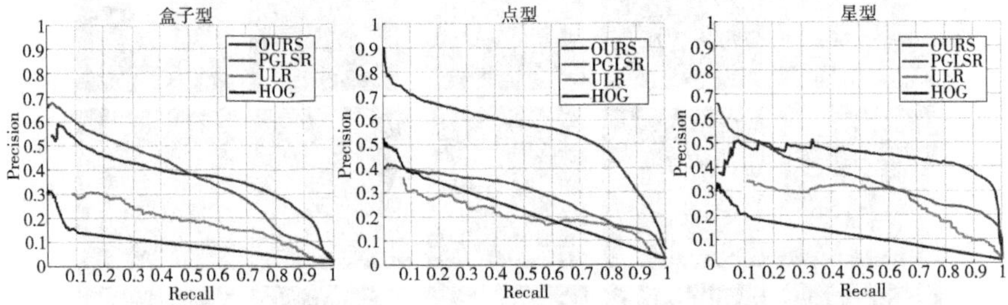

图 11.10　本章方法与现有方法显著图的 PR 曲线对比图

本章方法依旧全面优于其他方法，而在盒子型和星型模式织物图像中，本章方法和 PGLSR 的曲线下面积 AUC 接近一致，表明它们几乎有着相同的检测结果，但从实际的定性分析上看，本章方法的检测结果确实比 PGLSR 方法含有更多的疵点轮廓信息，因此，本章方法的检测效果在三种模式织物图像中都要优于现有方法。

11.7　本章小结

本章提出了一种深度特征和基于非凸全变差正则项的低秩分解模型。首先通过将图片输入深度学习基础框架 VGG-16 中，经过层层卷积，得到多层次的深度特征，后经均匀分块处理后得到对应该层的图像特征矩阵，之后在原始的低秩分解模型中，引入了非凸全变差正则项来减少织物图像的噪声影响，这样非凸求解方法比第 10 章的方法更易得到真实解，通过该显著度计算模型分解出的稀疏矩阵生成疵点显著图，再选择性地将由卷积层 Conv2_1～Conv3_3 生成的显著图进行融合，最终可再通过一种简单的阈值分割方法生成分割图。通过定量、定性实验，不仅验证了本章方法中深度特征和非凸全变差正则项的优越性，还验证了本章方法相较于其他目标检测模型具有高度的有效性和鲁棒性。

另外，采用深度网络 VGG-16 进行图像特征提取有多种优势。织物疵点检测问题有三种任务，分别是疵点分类，疵点定位和疵点分割。任务难度逐渐增加，但都以疵点分类任务为基础。深度学习基础网络 VGG-16 可直接实现疵点分类任务，后接 Fast-RCNN，Faster-RCNN[97] 等结构可实现疵点定位任务，而疵点分割任务极为复杂，且它的训练库需要像素级的标注，这项工作是极为复杂、耗时的，尤其是针对织物图像疵点检测这样的小目标任务。本章仅采用深度网络 VGG-16 来表征图像，后加显著度计算模型就可实现像素级的疵点分割任务。另外，由于仅使用了深度网络的卷积层，含有大量参数的全连接层并没使用，在实际应用中可以删除这些全连接层，仅保留起到提取特征作用的卷积层，这将大大地缩减模型的占用内存。

然而，本章采用较早的 VGG-16 进行特征提取，由于一些新技术的产生，目前已经有结构更为优化，内存占用更小的新型框架，这些新型框架在目标分类，检测任务上相较于 VGG-16 已经有了进一步的提升，它们应当具有更好的特征表征能力。在显著度计算模型上，本章已经引入了非凸优化来求解全变差正则项，同理，也应该能够采用非凸优化来求解低秩分解模型中的秩函数，检测效果应当还有进一步的提升空间。

第12章　基于深度—低阶特征和 NTV-NRPCA 织物疵点检测算法

第11章中提出的基于深度特征和NTV-RPCA的织物疵点检测算法，虽然通过VGG-16自动地提取了表征力较强的深度特征，但随着深度学习的发展，出现了一系列新型的框架结构，它们的图像表征力相较于VGG-16更强；另外，由于深度特征主要捕捉图像的结构信息和语义信息，即使是像第11章中只提取较浅卷积层的特征，还是会包含大量的语义信息，而针对织物疵点检测问题中，低阶特征也起到了相当重要的作用。因此，本章除了采用一种新型的深度学习框架提取深度特征外，还将在深度特征上混入一些低阶特征，来获得一个适合表征织物图像的深度—低阶特征。

另一方面，第11章中采用基于非凸全变差正则项的低秩分解模型NTV-RPCA进行显著度计算，疵点检测效果比第10章的TV-RPCA有了一定的提升，一部分原因要归功于非凸全变差正则项求解的高精确度。若将低秩分解模型同样采用非凸优化求解，显著度计算模型的精准度应该会有进一步的提升。

因此，本章将提出一种基于深度—低阶特征和低秩分解模型的织物疵点检测算法，如图12.1所示。首先，为了解决复杂纹理织物难以有效表征的问题，采用新型深度学习框架刻画出图像的深度特征，并在其基础上混入一些低阶特征，形成一个适合表征织物图像的深度—低阶特征矩阵；其次，为了提升低秩矩阵的求解精度，结合Schatten p 范数和权重核范数的优势，提出了一种基于非凸全变差正则项的非凸低秩分解模型（Non-convex total variation-non-convex RPCA，NTV-NRPCA），该模型通过交替方向乘子法思想求解，非凸低秩分解模型的权重Schatten p 范数最小化问题采用广义软阈值（Generalized soft-

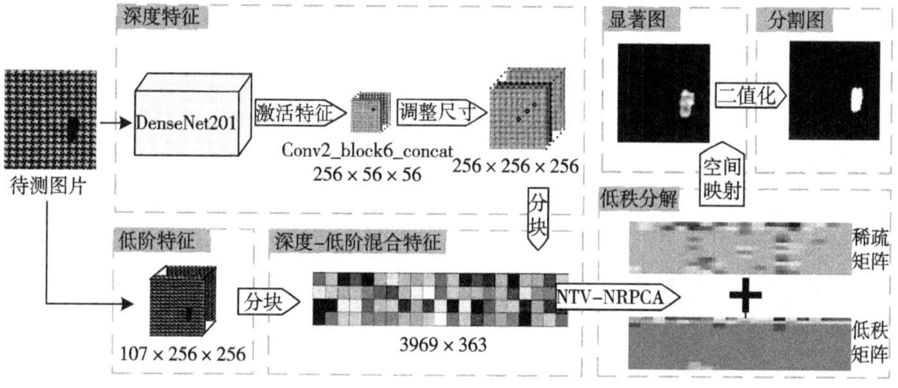

图 12.1　基于深度—低阶特征和低秩分解模型的织物疵点检测算法

thresholding,GST)算法求解;接下来,将优化求解出的稀疏部分根据空间对应关系生成疵点显著图;最后采用一个简单的阈值操作来获得显著图的二值化结果。

12.1　深度—低阶特征提取

通过第 11 章的实验分析,可知深度学习是一个提取特征的过程,且提取出的深度特征相较于传统人工设计的特征要有更强的表征力和可迁移性。第 11 章中采用的经典框架 VGG-16 在 ILSVRC2014 中取得了 7.3%的分类 top-5 错误率,该框架采用了卷积层递进的形式,如图 11.2 所示。理论上来说,卷积层的层数越多,网络的表征力越强,但 He K 等[98]提出当简单地采用卷积层递进的方式来堆积卷积层时,网络的准确度会在某一个临界点后先饱和后快速下降,这被称为网络退化(Degradation)问题。最近,有一种新型框架 DenseNet201[99]的分类性能远超 VGG-16,甚至已经超越了人类平均识别能力。这种新型框架有别于 VGG-16,它在保留了卷积层递进的基础上,还将各个卷积层之间进行密集捷径连接(Shortcut connection),如图 12.2 所示。这种跳跃式的捷径连接方式,打破了以往神经网络的第 n-1 层信息只能输入到第 n 层的惯例,使某一层的信息可以直接跨过多层作为后面某一层的输入,其意义在于为叠加多层网络而使得整个学习模型出现退化这一难题提供了新的方向。

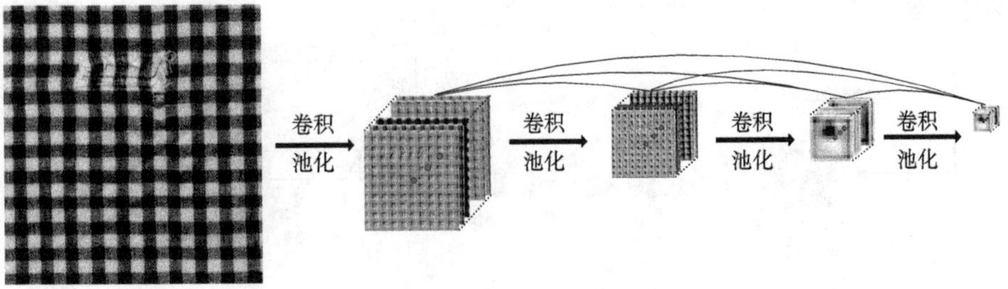

图 12.2　密集捷径连接型卷积神经网络

DenseNet201 通过这种密集的捷径连接方法,形成一种新型的密集连接卷积神经网络。在该网络框架中,任何两卷积层之间都有直接的连接,即网络中每一个卷积层的输入都是前面所有卷积层输出的并集,而该卷积层所学习的特征图也会被分别传给其后面所有卷积层作为输入。虽然这种密集连接方式看起来比较复杂,但实际上 DenseNet201 比其他网络效率更高,因为这种网络实现了特征的重复利用,每一层只需学习很少的特征图,即网络的每一层可以设计得特别窄,而不用担心网络末端表征力不强的问题。总结来说,这种密集捷径连接网络 DenseNet201,通过将较浅层信息直接连入后几层的方式,加强了特征传播,实现了特征复用,从而缓解了梯度消失问题,并且相较于卷积层递进式网络来说极大地减少参数数量,采用深度网路 DenseNet201 提取的深度特征应当比第 11 章的特征更具有表征力,并且由于该网络是特征信息复用结构,相当于已经进行了多卷积层信息的融合,本章不需要再进行显著图融合。

低阶特征和高阶特征在计算机视觉中起着很重要的作用,低阶特征是指图像中的一些小的细节信息,比如梯度、颜色等,它们主要通过人工设计一些滤波器提取,如 LBP、HOG 等。高阶特征是建立在低阶特征基础之上,具有丰富的语义信息,可以用于图像中目标或物体形状的检测。Li G 等[100]提出深度特征虽然含有充足的高阶语义信息,但低阶对比信息不足,并且高阶特征与人工低阶特征是互补的。织物疵点检测问题并不需要过多的语义信息，低阶特征同样重要，虽然本文通过提取深度网络中较浅的信息来获得低阶特征，但由于现有网络设计原因，较浅卷积层提取出的低阶特征还是相对不足。

若采用较多的人工设计特征会造成信息的冗余[101]，因此本章将简单地只提取一些颜色、边缘、纹理信息[102]，来增强特征空间的多样性，提取的织物图像低阶特征如表 12.1 所示。第一种颜色特征是将 RGB 颜色空间划分为 27 个直方柱，形成全局颜色直方图特征 $c_1 - c_{27}$；第二种颜色特征是将图像转换到 YCbCr 颜色空间，将其划分为 7 个水平区域，再计算三种颜色的均值 $c_{28} - c_{48}$ 和方差 $c_{49} - c_{69}$；边缘特征是利用高斯导数滤波器计算图像梯度，形成一个 18 直方柱的边缘方向直方图 $e_{70} - e_{87}$；纹理信息是对图像进行小波变换来计算出 10 个不同的子带，再计算每个子带系数的平均绝对值 $t_{88} - t_{97}$ 和标准差 $t_{98} - t_{107}$。

表 12.1　织物图像低阶特征

低阶特征		符号
颜色	RGB 颜色空间：直方图	$c_1 - c_{27}$
	YCbCr 颜色空间：均值	$c_{28} - c_{48}$
	YCbCr 颜色空间：方差	$c_{49} - c_{69}$
边缘	边缘方向：直方图	$e_{70} - e_{87}$
纹理	小波变化系数：均值	$t_{88} - t_{97}$
	小波变换系数：方差	$t_{98} - t_{107}$

本节首先利用 DenseNet201 提取出深度特征，然后利用人工设计特征提取出低阶特征，再将这两种特征进行混合形成一个深度—低阶特征（Deep-low-level hybrid feature，DLHF），以进一步提高图像表征力。

12.2　基于非凸全变差正则项的非凸 RPCA 模型的构建及求解

12.2.1　模型的建立

在提取了表征力更强的特征矩阵后，通过显著度计算模型进行疵点的检

测,本章将继续采用低秩分解模型作为显著度计算模型,如式(12.1)所示:

$$\min_{L,S} \operatorname{rank}(L) + \gamma \|S\|_0 s.t. \boldsymbol{F} = \boldsymbol{L} + \boldsymbol{S} \tag{12.1}$$

式中:$\boldsymbol{F}$ 为采用卷积神经网络提取的深度矩阵;$\boldsymbol{L}$ 为对应着织物图像背景部分的低秩矩阵;$\boldsymbol{S}$ 为对应着织物图像疵点部分的稀疏矩阵;γ 为这两项的平衡系数。

然而在前面章节中,该低秩分解模型中的秩函数采用凸优化算法求解,即把秩函数 $rank(\boldsymbol{L})$ 凸松弛为 $\|\boldsymbol{L}\|_*$,由于这一凸松弛范数已被证明可以很好地恢复低秩结构[103],并且可以采用软阈值算法进行有效地求解,该凸松弛方法已经被广泛使用在多种领域。但之后的一些研究发现,核范数和秩函数的解还存在着一定的偏差,即凸松弛模型得到的不是真实解,多种非凸优化算法开始得到关注。

Nie F 等在波兰裔美国数学家 Robert Schatten 提出 Schatten p-norm 的基础上,提出了一种秩函数的典型非凸优化——广义 Schatten p 范数[104],如**定义 12.1** 所示,该范数可以更好地逼近低秩正则项。

定义 12.1:对于一个矩阵 $\boldsymbol{L} \in \boldsymbol{R}^{m\times n}$,它的广义 Schatten p 范数为:

$$\|\boldsymbol{L}\|_{s_p} = \left[\sum_{i=1}^{\min(m,n)} \sigma_i^p\right]^{1/p} \tag{12.2}$$

式中:σ_i 为矩阵 $\boldsymbol{L}$ 的奇异值,$0 < p < \infty$。

当 $p = 1$ 时,

$$\|\boldsymbol{L}\|_{s_1} = \sum_{i=1}^{\min(m,n)} \sigma_i \tag{12.3}$$

此时,该范数等于核范数 $\|\boldsymbol{L}\|_*$。

当 $p = 0$ 时,并设 $0^0 = 0$,

$$\|\boldsymbol{L}\|_{s_0} = \sum_{i=1}^{\min(m,n)} \sigma_i^0 \tag{12.4}$$

此时,该范数等于秩函数 $\operatorname{rank}(\boldsymbol{L})$。

不同 p 值对应的 $|x|^p$ 曲线图如图 12.3 所示，可以看到当 $p=0$ 时的曲线为秩函数曲线，$p=1$ 时的曲线为核范数曲线，$p=0.5$ 时的曲线更逼近与秩函数曲线，因此 Schatten p 范数应当比核范数更加逼近与秩函数。

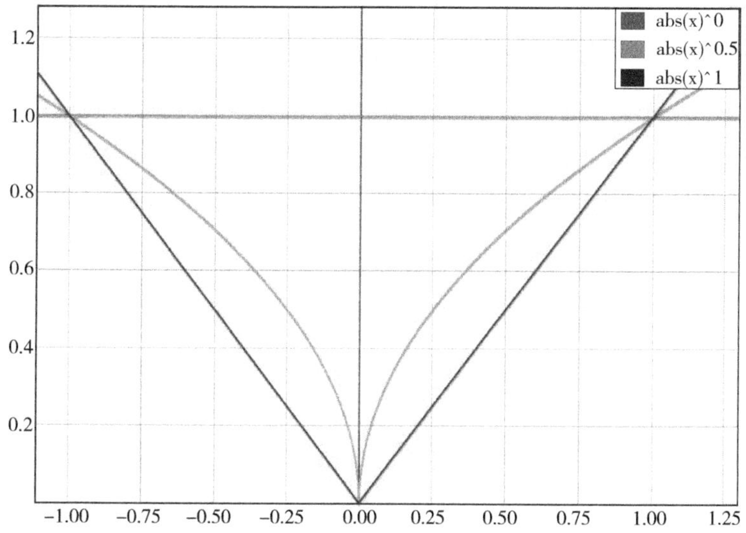

图 12.3　不同 p 值对应的 $|x|^p$ 曲线图

Gu S 等[105]提出了另外一种秩函数的非凸优化——权重核范数，如**定义 12.2** 所示。该范数对每一个奇异值添加一个权值，从而使不同的奇异值占据不同的权重，增强了灵活性，可以更好地逼近低秩正则项。

定义 12.2：对于一个矩阵 $\boldsymbol{L}\in\boldsymbol{R}^{m\times n}$，它的权重核范数为：

$$\|\boldsymbol{L}\|_{w,*}=\sum_i|w_i\sigma_i| \tag{12.5}$$

式中：σ_i 为矩阵 $\boldsymbol{L}$ 的奇异值；w_i 为各个奇异值对应的权重，且 $w_i\geqslant 0$。

结合上述两种非凸优化的优点，本章将引入一种新型的非凸低秩分解模型（Non-convex RPCA，NRPCA），如式（12.6）所示：

$$\min_{\boldsymbol{L},\boldsymbol{S}}\ \|\boldsymbol{L}\|_{w,S_p}^p+\gamma\|\boldsymbol{S}\|_1\quad s.t.\quad \boldsymbol{F}=\boldsymbol{L}+\boldsymbol{S} \tag{12.6}$$

式中：$\|\cdot\|_{w,S_p}^p$ 为一种用来代替秩函数的非凸松弛范数，考虑到织物疵点检测

任务的特殊性，L_0 范数仍用凸松弛 L_1 代替。

$\| \boldsymbol{L} \|_{w,S_p}^p$ 是 $\| \boldsymbol{L} \|_{w,S_p}$ 的 p 次方，而 $\| \boldsymbol{L} \|_{w,S_p}$ 称为矩阵 $\boldsymbol{L} \in \boldsymbol{R}^{m\times n}$ 的权重 Schatten p 范数[106]，它定义为：

$$\| \boldsymbol{L} \|_{w,S_p} = \left[\sum_{i=1}^{\min(m,n)} w_i \sigma_i^p \right]^{1/p} = [tr(W\Delta^p)]^{1/p} \tag{12.7}$$

式中：$\boldsymbol{w} = [w_1, w_2, \cdots, w_{\min(m,n)}]$ 为一个递增的非负向量；σ_i 为矩阵 $\boldsymbol{L}$ 的奇异值；$\boldsymbol{W}$ 为以 $\boldsymbol{w}_i$ 为对角线元素的对角矩阵，$\boldsymbol{\Delta}^p$ 是以 σ_i 为对角线元素的对角矩阵。当权重都等于 1，且 $p=0$ 时，该权重 Schatten p 范数退化为核范数。

然后类似于前两章的分析，考虑到织物图像中的噪声影响和非凸求解更具有精确性，本章的显著图计算模型将继续引入非凸全变差正则项，组成基于非凸全变差正则项的非凸低秩分解模型 NTV-NRPCA，如式(12.8)所示：

$$\min_{L,S} \quad \| \boldsymbol{L} \|_{w,S_p}^p + \gamma \| \boldsymbol{S} \|_1 + \beta \| \boldsymbol{S} \|_{\mathrm{NTV}} \quad s.t. \quad \boldsymbol{F} = \boldsymbol{L} + \boldsymbol{S} \tag{12.8}$$

式中：$\| \cdot \|_{\mathrm{NTV}}$ 为非凸全变差正则项(Non-convex total variation, NTV)；β 和 γ 为平衡系数。

12.2.2 模型的求解

该模型的求解同样需要引入一个辅助变量 J，

$$\min_{L,S} \quad \| \boldsymbol{L} \|_{w,S_p}^p + \gamma \| \boldsymbol{S} \|_1 + \beta \| \boldsymbol{J} \|_{\mathrm{NTV}} \quad s.t. \quad \boldsymbol{F} = \boldsymbol{L} + \boldsymbol{S}, \boldsymbol{J} = \boldsymbol{S} \tag{12.9}$$

该式可继续通过交替方向乘子法 ADMM 求解，其拉格朗日乘子式为：

$$\begin{aligned}
&\mathcal{L}(\boldsymbol{L}, \boldsymbol{S}, \boldsymbol{J}, Y_1, Y_2, \mu) \\
&= \| \boldsymbol{L} \|_{w,S_p}^p + \gamma \| \boldsymbol{S} \|_1 + \beta \| \boldsymbol{J} \|_{NTV} + \langle Y_1, \boldsymbol{F} - \boldsymbol{L} - \boldsymbol{S} \rangle + \langle Y_2, \boldsymbol{S} - \boldsymbol{J} \rangle \\
&+ \frac{\mu}{2}(\| \boldsymbol{F} - \boldsymbol{L} - \boldsymbol{S} \|_F^2 + \| \boldsymbol{S} - \boldsymbol{J} \|_F^2) \\
&= \| \boldsymbol{L} \|_{w,S_p}^p + \gamma \| \boldsymbol{S} \|_1 + \beta \| \boldsymbol{J} \|_{NTV} + \frac{\mu}{2}\left(\left\| \boldsymbol{F} - \boldsymbol{L} - \boldsymbol{S} + \frac{Y_1}{\mu} \right\|_F^2 + \left\| \boldsymbol{S} - \boldsymbol{J} + \frac{Y_2}{\mu} \right\|_F^2 \right) \\
&- \frac{1}{2\mu}(\| Y_1 \|_F^2 + \| Y_2 \|_F^2)
\end{aligned} \tag{12.10}$$

该乘子式的求解可分解为三个子问题的求解，包括 L 阶段、S 阶段、J 阶段，交替迭代至终止条件时的解即是模型的最优解。

L 阶段：保持其他变量为已知量，则第 $k+1$ 次 L^{k+1} 的子问题为：

$$\begin{aligned} \boldsymbol{L}^{k+1} &= \arg\min_{\boldsymbol{L}} \mathcal{L}(\boldsymbol{L},\boldsymbol{S}^k,\boldsymbol{J}^k,Y_1{}^k,Y_2{}^k,\mu^k) \\ &= \arg\min_{\boldsymbol{L}} \|\boldsymbol{L}\|_{w,S_p}^p + \frac{\mu}{2}\left(\left\|\boldsymbol{F}-\boldsymbol{L}-\boldsymbol{S}^k+\frac{Y_1{}^k}{\mu^k}\right\|_F^2\right) \\ &= \arg\min_{\boldsymbol{L}} \frac{1}{\mu}\|\boldsymbol{L}\|_{w,S_p}^p + \frac{1}{2}\left\|\boldsymbol{L}-\left(\boldsymbol{F}-\boldsymbol{S}^k+\frac{Y_1{}^k}{\mu^k}\right)\right\|_F^2 \end{aligned} \tag{12.11}$$

该子问题可以泛化为权重 Schatten p 范数最小化问题（Weighted schatten p-norm minimization，WSNM），如式（12.12）所示。

$$\arg\min_X \lambda \|X\|_{w,S_p}^p + \|X-Y\|_F^2 \tag{12.12}$$

该非凸优化可通过广义软阈值法（Generalized soft-thresholding，GST）算法求解[107]。首先引入一个定理。

定理 12.1：对于任意的矩阵 $\boldsymbol{A},\boldsymbol{B}\in\boldsymbol{R}^{m\times n}$，两个矩阵的奇异值分别表示为 $\sigma(A)=\sigma_1(A),\cdots,\sigma_{\min(m,n)}(A)$ 和 $\sigma(B)=[\sigma_1(B),\cdots,\sigma_{\min(m,n)}(B)]$，则有：

$$\mathrm{tr}(\boldsymbol{A}^{\mathrm{T}}\boldsymbol{B}) \leqslant \mathrm{tr}(\sigma(A)^{\mathrm{T}}\sigma(B)) \tag{12.13}$$

当且仅当矩阵 $\boldsymbol{A},\boldsymbol{B}$ 的奇异值分解 $\boldsymbol{A}=\boldsymbol{U}\boldsymbol{\Sigma}_A\boldsymbol{V}^{\mathrm{T}}$，$\boldsymbol{B}=\boldsymbol{U}\boldsymbol{\Sigma}_{\boldsymbol{B}}\boldsymbol{V}^{\mathrm{T}}$ 时，等号成立。

假设式（12.8）中有奇异值分解 $\boldsymbol{X}=\boldsymbol{Q}\boldsymbol{\Delta}\boldsymbol{R}^{\mathrm{T}}$，$\boldsymbol{Y}=\boldsymbol{U}\boldsymbol{\Sigma}\boldsymbol{V}^{\mathrm{T}}$，$\boldsymbol{\Delta}$ 和 $\boldsymbol{\Sigma}$ 均为递减序列的对角矩阵，由**定理 12.1** 有：

$$\begin{aligned} \|\boldsymbol{X}-\boldsymbol{Y}\|_F^2 &= \mathrm{tr}(\boldsymbol{\Delta}^{\mathrm{T}}\boldsymbol{\Delta}) + \mathbf{tr}(\boldsymbol{\Sigma}^{\mathrm{T}}\boldsymbol{\Sigma}) - 2\mathrm{tr}(\boldsymbol{X}^{\mathrm{T}}\boldsymbol{Y}) \\ &\geqslant \mathrm{tr}(\boldsymbol{\Delta}^{\mathrm{T}}\boldsymbol{\Delta}) + \mathrm{tr}(\boldsymbol{\Sigma}^{\mathrm{T}}\boldsymbol{\Sigma}) - 2\mathrm{tr}(\boldsymbol{\Delta}^{\mathrm{T}}\boldsymbol{\Sigma}) \\ &= \left\|\boldsymbol{\Delta}-\boldsymbol{\Sigma}\right\|_F^2 \end{aligned} \tag{12.14}$$

两端同时加上权重 Schatten p 范数的 p 次方，由式（12.7）可得：

$$\|\boldsymbol{X}-\boldsymbol{Y}\|_F^2 + [\mathrm{tr}(\boldsymbol{W}\boldsymbol{\Delta}^p)] \geqslant \|\boldsymbol{\Delta}-\boldsymbol{\Sigma}\|_F^2 + [\mathrm{tr}(\boldsymbol{W}\boldsymbol{\Delta}^p)] \tag{12.15}$$

不等号的左边实际上就是一个 WSNM 问题，且当 $Q = U, R = V$ 时，等号成立。根据上述分析，权重 Schatten p 范数最小化问题的求解可以转化为下面的问题。

当式(12.12)中有 $\boldsymbol{Y} = \boldsymbol{U\Sigma V}^{\mathrm{T}}$，且对角线矩阵 $\boldsymbol{\Sigma} = \mathrm{diag}[\sigma_1, \cdots, \sigma_{\min(m,n)}]$ 中的元素时递减的，则 WSNM 问题的解为 $\boldsymbol{X} = \boldsymbol{U\Delta V}^{T}$，其对角线矩阵 $\Delta = \mathrm{diag}[\delta_1, \cdots, \delta_{\min(m,n)}]$，为了方便描述，平衡因子 λ 和权重 w_i 的乘积将简化为 w_i 表示，则 δ_i 的求解可通过下式计算：

$$\min_{\delta_1,\cdots,\delta_r} \sum_{i=1}^{r=\min(m,n)} [(\delta_i - \sigma_i)^2 + w_i\delta_i^p] \quad s.t.\, \delta_i \geqslant 0, \delta_i \geqslant \delta_{i+1} \tag{12.16}$$

文献[106]已经证明了当权重 w_i 呈现递增状态时，上式的约束条件 $\delta_i \geqslant 0$, $\delta_i \geqslant \delta_{i+1}$ 始终存在，即 δ_i 呈现递减状态，则式(12.16)可转换为一个无约束优化问题，

$$\min_{\delta_1,\cdots,\delta_r} \sum_{i=1}^{\min(m,n)} [(\delta_i - \sigma_i)^2 + w_i\delta_i^p] \tag{12.17}$$

对于给定的 w_i 和 p，该式中的每一子问题都存在一个特定的阈值：

$$\tau_p^{\mathrm{GST}}(w_i) = [2w_i(1-p)]^{1/(2-p)} + w_i p\, [2w_i(1-p)]^{(p-1)/(2-p)} \tag{12.18}$$

当 $\sigma_i < \tau_p^{\mathrm{GST}}(w_i)$ 时，对应子问题的最小值为 $\delta_i = 0$；当 $\sigma_i \geqslant \tau_p^{\mathrm{GST}}(w_i)$ 时，对应子问题的最小值可通过迭代下式求解：

$$S_p^{\mathrm{GST}}(\sigma_i; w_i) - \sigma_i + w_i p\, [S_p^{\mathrm{GST}}(\sigma_i; w_i)]^{p-1} = 0 \tag{12.19}$$

综上所述，广义软阈值法 GST 的算法流程如**算法 12.1** 所示。

算法 12.1　广义软阈值法 GST 算法求解 WSNM 问题

输入 1：矩阵 $Y \in R^{m\times n}$，权重 $\{w_i\}_{i=1}^{\min(m,n)}$ 呈递增状态，p

(1)计算奇异值分解 $Y = U\sum V^{\mathrm{T}}$，$\sum = \mathrm{diag}[\sigma_1, \cdots, \sigma_{\min(m,n)}]$

(2)从 $i = 1$ 到 $i = \min(m,n)$，采用 GST 算法分别求解式(4.12)中的每个子问题：

$$\boldsymbol{\delta}_i = \mathbf{GST}(\boldsymbol{\sigma}_i, \boldsymbol{w}_i, \boldsymbol{p})$$

输入 2: σ, w, p

2.1:计算阈值

$$\boldsymbol{\tau}_p^{\mathrm{GST}}(\boldsymbol{w}_i) = [2\boldsymbol{w}_i(1-\boldsymbol{p})]^{1/(2-p)} + \boldsymbol{w}_i\boldsymbol{p}\,[2\boldsymbol{w}_i(1-\boldsymbol{p})]^{(p-1)/(2-p)}$$

2.2:若 $\boldsymbol{\sigma}_i < \boldsymbol{\tau}_p^{\mathrm{GST}}(\boldsymbol{w}_i)$

$$\boldsymbol{S}_p^{\mathrm{GST}}(\boldsymbol{\sigma};\boldsymbol{w}) = 0$$

2.3:若 $\boldsymbol{\sigma}_i \geqslant \boldsymbol{\tau}_p^{\mathrm{GST}}(\boldsymbol{w}_i)$

$$\boldsymbol{\delta}^1 = \boldsymbol{\sigma} - \boldsymbol{wp}\,(\boldsymbol{\sigma})^{p-1}$$

$$\boldsymbol{\delta}^2 = \boldsymbol{\delta}^1 - \boldsymbol{wp}\,(\boldsymbol{\delta}^1)^{p-1}$$

$$\boldsymbol{S}_p^{\mathrm{GST}}(\boldsymbol{\sigma};\boldsymbol{w}) = \mathbf{sgn}(\boldsymbol{\sigma})\boldsymbol{\delta}^2$$

输出 2: $\boldsymbol{\delta}_i = \boldsymbol{S}_p^{\mathrm{GST}}(\boldsymbol{\sigma}_i;\boldsymbol{w})$

(3) $\boldsymbol{\Delta} = \mathbf{diag}(\boldsymbol{\delta}_1, \cdots, \boldsymbol{\delta}_{\min(m,n)})$

输出: $\boldsymbol{X} = \boldsymbol{U\Delta V}^{\mathrm{T}}$

S 阶段:保持其他变量为已知量,则第 $k+1$ 次 $\boldsymbol{S}^{k+1}$ 的子问题为:

$$\begin{aligned}
S^{k+1} &= \arg\min_{S}\ \mathcal{L}(\boldsymbol{L}^{k+1}, \boldsymbol{S}, \boldsymbol{J}^k, Y_1{}^k, Y_2{}^k, \mu^k) \\
&= \arg\min_{S}\ \gamma \|\boldsymbol{S}\|_1 + \langle Y_1{}^k, \boldsymbol{F} - \boldsymbol{L}^{k+1} - \boldsymbol{S}\rangle + \langle Y_2{}^k, \boldsymbol{S} - \boldsymbol{J}^k\rangle \\
&\quad + \frac{\mu}{2}(\|\boldsymbol{F} - \boldsymbol{L}^{k+1} - \boldsymbol{S}\|_F^2 + \|\boldsymbol{S} - \boldsymbol{J}^k\|_F^2) \\
&= \arg\min_{S}\ \frac{\gamma}{2\mu}\|\boldsymbol{S}\|_1 + \frac{1}{2}\left\|\boldsymbol{S} - \frac{1}{2}[\boldsymbol{J}^k + \boldsymbol{F} - \boldsymbol{L}^{k+1} + (Y_1{}^k - Y_2{}^k)/\mu]\right\|_F^2
\end{aligned} \tag{12.20}$$

该子问题可采用第 3 章中的**定理 10.2** 求解。

J 阶段:保持其他变量为已知量,则第 $k+1$ 次 J^{k+1} 的子问题为:

$$\begin{aligned} \boldsymbol{J}^{k+1} &= \arg\min_{\boldsymbol{J}} \mathcal{L}(\boldsymbol{L}^{k+1}, \boldsymbol{S}^{k+1}, \boldsymbol{J}, Y_1^{\ k}, Y_2^{\ k}, \mu^k) \\ &= \arg\min_{\boldsymbol{J}} \ \beta \|\boldsymbol{J}\|_{\mathrm{NTV}} + \frac{\mu^k}{2} \left\| \boldsymbol{S}^{k+1} - \boldsymbol{J} + \frac{Y_2^{\ k}}{\mu^k} \right\|_F^2 \\ &= \arg\min_{\boldsymbol{J}} \ \frac{\beta}{\mu^k} \|\boldsymbol{J}\|_{\mathrm{NTV}} + \frac{1}{2} \left\| \boldsymbol{J} - \left(\boldsymbol{S}^{k+1} + \frac{Y_2^{\ k}}{\mu^k} \right) \right\|_F^2 \end{aligned} \tag{12.21}$$

该子问题可采用第 11 章中的**算法 11.1**,**算法 11.2** 求解。

更新参数 Y_1, Y_2:更新拉格朗日乘子 Y_1, Y_2:

$$Y_1^{\ k+1} = Y_1^{\ k} + \mu^k(\boldsymbol{F} - \boldsymbol{L}^{k+1} - \boldsymbol{S}^{k+1}) \tag{12.22}$$

$$Y_2^{\ k+1} = Y_2^{\ k} + \mu^k(\boldsymbol{S}^{k+1} - \boldsymbol{J}^{k+1}) \tag{12.23}$$

更新参数 μ :更新惩罚因子 μ :

$$\mu^{k+1} = \min(\mu_{\max}, \rho\mu^k) \tag{12.24}$$

多次迭代求解上述子问题,直到达到终止条件:

$$\|\boldsymbol{F} - \boldsymbol{L}^{k+1} - \boldsymbol{S}^{k+1}\|_F / \|\boldsymbol{F}\|_F < \mathrm{tol} \tag{12.25}$$

综上所述,模型式(12.9)的求解算法可以总结为**算法 12.2**:

算法 12.2　ADMM 算法求解基于非全变差正则项的非凸低秩分解模型

输入:融合特征矩阵 $\boldsymbol{F}$,参数 $\boldsymbol{\gamma} > 0, \boldsymbol{\beta} > 0$

初始化:

$\boldsymbol{L}^0 = \boldsymbol{S}^0 = \boldsymbol{J}^0 = 0, \boldsymbol{Y}_1^0 = \boldsymbol{F}/\max(\|\boldsymbol{F}\|_2, \boldsymbol{\gamma}^{-1}\|\boldsymbol{F}\|_\infty), \boldsymbol{Y}_2^0 = 0, \boldsymbol{\mu}^0 = 1.25/\|\boldsymbol{F}\|_2, \boldsymbol{\mu}_{\max} = \boldsymbol{\mu}^0 10^7, \boldsymbol{\rho} = 1.5, k = 0, \mathrm{tol} = 1e^{-4}$

当未达到收敛时

(4) 固定其他变量,采用算法 12.1 更新 L

$$\boldsymbol{L}^{k+1} = \arg\min_{L} \ \frac{1}{\boldsymbol{\mu}} \|\boldsymbol{L}\|_{w,S_p}^{p} + \frac{1}{2} \left\| \boldsymbol{L} - \left(\boldsymbol{F} - \boldsymbol{S}^k + \frac{\boldsymbol{Y}_1^{\ k}}{\boldsymbol{\mu}^k} \right) \right\|_F^2$$

(5) 固定其他变量,采用定理 10-2 更新 S

$$S^{k+1} = \arg\min_{S} \frac{\gamma}{2\mu} \| S \|_1 + \frac{1}{2} \left\| S - \frac{1}{2}(J^k + F - L^{k+1} + (Y_1{}^k - Y_2{}^k)/\mu) \right\|_F^2$$

(6) 固定其他变量，采用算法 11.1 或算法 11.2 更新 J

$$J^{k+1} = \arg\min_{J} \frac{\beta}{\mu^k} \| J \|_{NTV} + \frac{1}{2} \left\| J - \left(S^{k+1} + \frac{Y_2{}^k}{\mu^k} \right) \right\|_F^2$$

(7) 更新拉格朗日乘子 Y_1, Y_2 和惩罚因子 μ

$$Y_1{}^{k+1} = Y_1{}^k + \mu^k(F - L^{k+1} - S^{k+1})$$

$$Y_2{}^{k+1} = Y_2{}^k + \mu^k(S^{k+1} - J^{k+1})$$

$$\mu^{k+1} = \min(\mu_{\max}, \rho\mu^k)$$

(8) 检查是否满足收敛条件

$$\| F - L^{k+1} - S^{k+1} \|_F / \| F \|_F < \text{tol}$$

(9) $k = k + 1$

结束

输出：S^{k+1}

12.3　显著图生成

将上面提取的深度—低阶特征通过基于非凸全变差正则项的非凸 RPCA 模型，采用 ADMM 算法可以得到疵点对应稀疏矩阵，则每一个图像块 R_i 的显著度可通过计算最优解 S^* 中第 j 列的和来表示：

$$m(R_i) = \| S^*(:, i) \|_1 \tag{12.26}$$

$m(R_i)$ 的值越大表示该图像块是疵点的概率越大，根据均匀分块时的空间对应关系可生成疵点显著图。

12.4 分割图生成

为了更加清晰地显示出疵点区域，本小节将继续采用上一节中的阈值分割算法来得到分割图。由于，疵点区域一般只占整幅织物图像的较小部分，一个简单的阈值操作就可以自动地估计出阈值的上限和下限，如式(12.27)所示：

$$T = \mu \pm c\sigma \tag{12.27}$$

式中：c 为一个常数；μ 和 σ 为显著图中像素值的均值和标准差。

则分割图结果 $M(i,j)$ 为：

$$M(i,j) = \begin{cases} 0, & \mu - c\sigma < m(i,j) < \mu + c\sigma \\ 255, & otherwise \end{cases} \tag{12.28}$$

式中：i 和 j 为像素点位置；$m(i,j)$ 为显著图。

12.5 实验结果及分析

为了验证本章方法的有效性和鲁棒性，将首先在两种织物图像库中做控制变量实验，然后比较本章方法与现有检测方法的检测效果。两个织物图像库包括非模式织物图像库 TILDA 织物图像库和香港大学的模式图像数据库(包括星型、盒子型及点型三种模式织物，图片数量分别为 25 幅、26 幅、30 幅)。本章的所有实验将在 Inter(R) Core(TM) i7.8750H 的 CPU 和 NVIDIA GeForce GTX 1080 的 GPU 环境下，使用仿真工具 MATLAB 2018b 完成，织物图像大小设定为 256pixel×256pixel。基于全变差正则项的低秩分解模型中的平衡系数 γ 和 β 分别设定为 0.0016 和 0.01，权重 Schatten p 范数中 p 为 0.7，权重 $w = 7.056/\sigma(F) + \varepsilon$。

12.5.1　深度—低阶特征的对比

第 11 章的实验已经表明 VGG-16 中单卷积层表征力最强的是 Conv2_2，由于 DenseNet201 网络结构的特点，每个卷积层的特征图要明显小于输入图像的大小，因此较浅层的特征图就包含了较多的语义信息，我们可以断定 DenseNet201 网络中的最浅层应该最适合于提取织物图像特征，所以本章提取的深度特征将直接采用最浅层的网络输出 conv2_block6_concat，再加上一系列的低阶特征组成深度—低阶混合特征来表征织物图像。本小节将把本章提出的 DLHF 特征和第 11 章采用 VGG-16 提取的深度特征进行对比，来验证本章特征提取方法有更优越的图像表征力，检测结果对比图如图 12.4 所示。

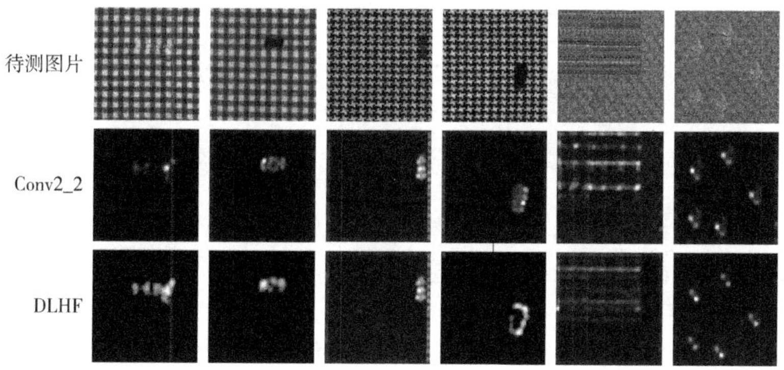

图 12.4　不同深度特征的对比图

为了公平对比，将统一采用两种深度网络的单卷积层输出作为特征矩阵，显著度计算模型统一采用低秩分解模型 RPCA，第一行为待测织物图片，第二行采用的特征是 VGG-16 的 Conv2_2 卷积层，第三行采用的特征是本章提出的深度—低阶特征 DLHF。可以看到，在盒子型和星型织物图像中，DLHF 的检测结果比 Conv2_2 更加完善，能够更好地还原出疵点的轮廓信息，并且检测图汇总含有更少的噪声，但在星型织物图像中，本章方法却出现了疵点内部中空的现象，没能完整地检测出疵点，本文认为造成这一现象的原因是原版 DenseNet201 网络结构的原因，具体分析将在下一章中展开具体分析。

同样地，为了更加全面地展现本章 DLHF 特征的优越性，下面将在整个模式织物图像库中进行定量分析，图 12.5 的左右两图分别对应着 ROC 曲线图和 PR 曲线图。从两种曲线对比图中可以看到，本章特征的曲线均要高于 Conv2_2 曲线，说明本章采用的深度—低阶特征 DLHF 比 Conv2_2 特征有更强的图像表征力。

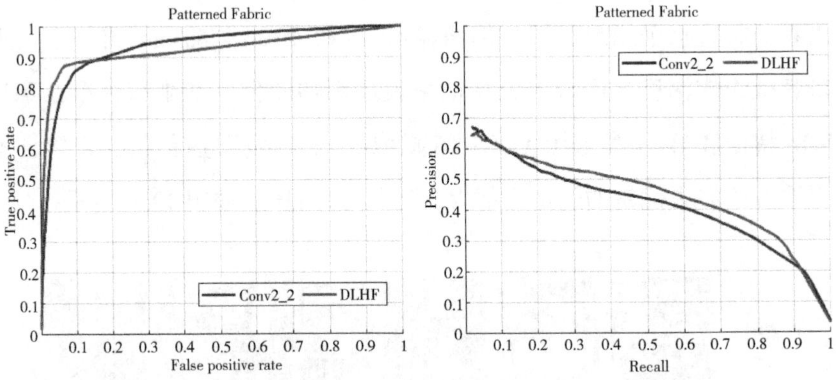

图 12.5　Conv2_2 特征和 HDHF 特征的 ROC、PR 曲线对比图

12.5.2　非凸 RPCA 模型的对比

本章采用的显著度计算模型是对第 11 章模型的改进，采用非凸优化求解 RPCA 模型，理论上有更好的求解精度，为了证明这一点，本小节将把四种不同低秩分解模型配置方法的检测结果进行对比。由于非凸全变差正则项的加入，本章的 NTV-NRPCA 模型同样有两种版本，一种是基于各向异性非凸全变差正则项的模型 NATV-NRPCA，另一种是基于各向同性非凸全变差正则项的模型 NITV-NRPCA，通过前面两章的分析，各项异性（非凸）全变差正则项已经被证明要优于各向同性（非凸）全变差正则项，所以将只对比分析各向异性（非凸）全变差版本的模型。模型配置方法分别包括：

（1）低秩分解模型 RPCA。

（2）基于各项异性全变差正则项的低秩分解模型 ATV-RPCA。

(3)基于各项异性非凸全变差正则项的低秩分解模型 NATV-RPCA。

(4)基于各项异性非凸全变差正则项的非凸低秩分解模型 NITV-NRPCA。

为了实现公平的对比试验,特征提取部分将统一采用第 3 章的基于典型相关分析的特征融合方法 CCA-serial,并且参与对比的各模型参数都调至最优。

由于前两章的模型已经可以很好地检测出疵点,再采用定性分析已经很难看出四种模型配置方法的优劣程度,本节的实验将直接采用定量分析的方法,ROC 曲线图如图 12.6 所示,PR 曲线图如图 12.7 所示。

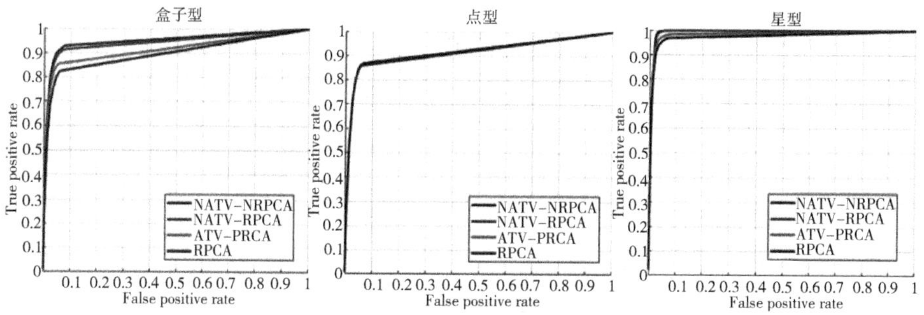

图 12.6　四种低秩分解模型配置方法的 ROC 曲线对比图

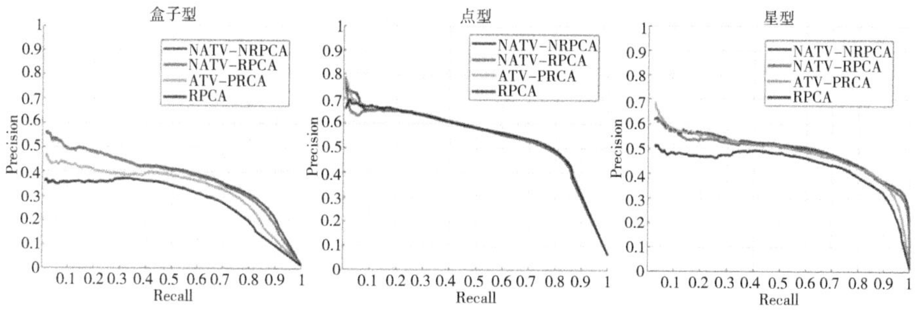

图 12.7　四种低秩分解模型配置方法的 PR 曲线对比图

在三种模式织物图像的对比中,可以看到第 3 章的 ATV-RPCA 模型比 RPCA 模型有较大的改进,第 4 章的 NATV-RPCA 模型比 ATV-RPCA 也有较大的改进,而本章采用的 NATV-NRPCA 模型相比 NATV-RPCA 模型来说,改进程度较小，只在盒子型和星型模式织物图像中可以看到一定的提升。一方面说明了本章改进的显著度计算模型确实有效；另一方面也说明疵点检测率已经达到饱和，一味地只改进显著度计算模型已经无法较大地提升疵点检测精度，要更加注重图像表征力方面的改进。

12.5.3 与现有方法的比较

上面两小节实验分别说明了本章采用的深度—低阶特征 DLHF 和基于各项异性非凸全变差正则项的非凸低秩分解模型 NATV-NRPCA 的优越性，下面本小节将把本章算法与现有织物疵点检测算法进行对比，以彰显本章算法具有更高的检测率和鲁棒性，检测结果的定性分析对比图如图 12.8 所示，第一列为待测图像，第二列是算法 HOG 的检测图，第三列是算法 ULR 的检测图，第四列是算法 PGLSR 的检测图，第五列是本章算法的检测图。得到的结论和前两章差不多，算法 HOG 和 PGLSR 依旧只适合处理一些纹理平整的非模式织物图像，非常容易受到织物图像纹理的影响，所有检测模式织物图像时，极易出现将背景纹理检测为疵点的情况，而 PGLSR 算法能够检测出大部分类型织物图像的疵点，但其检测结果丢失了大量疵点轮廓信息，而本章算法可以检测出多种织物图像，不仅可以很好地定位出疵点位置，而且较好地还原了疵点轮廓。因此，本章算法有更好的自适应性和高检测率。

下面将直接在整个模式织物图像中采用 ROC、PR 曲线对比图进行定量分析，曲线对比图如图 12.9 所示，左边为 ROC 曲线图，右边为 PR 曲线图，从这两个图可以直观地看到各个算法的优劣性，本章算法绝对的领先与其他算法，再次说明了本章所提算法的有效性，可以很好地处理复杂纹理的模式织物图像。

12.6 本章小结

本章提出了一种深度—低阶特征和基于非凸全变差正则项的非凸低秩分

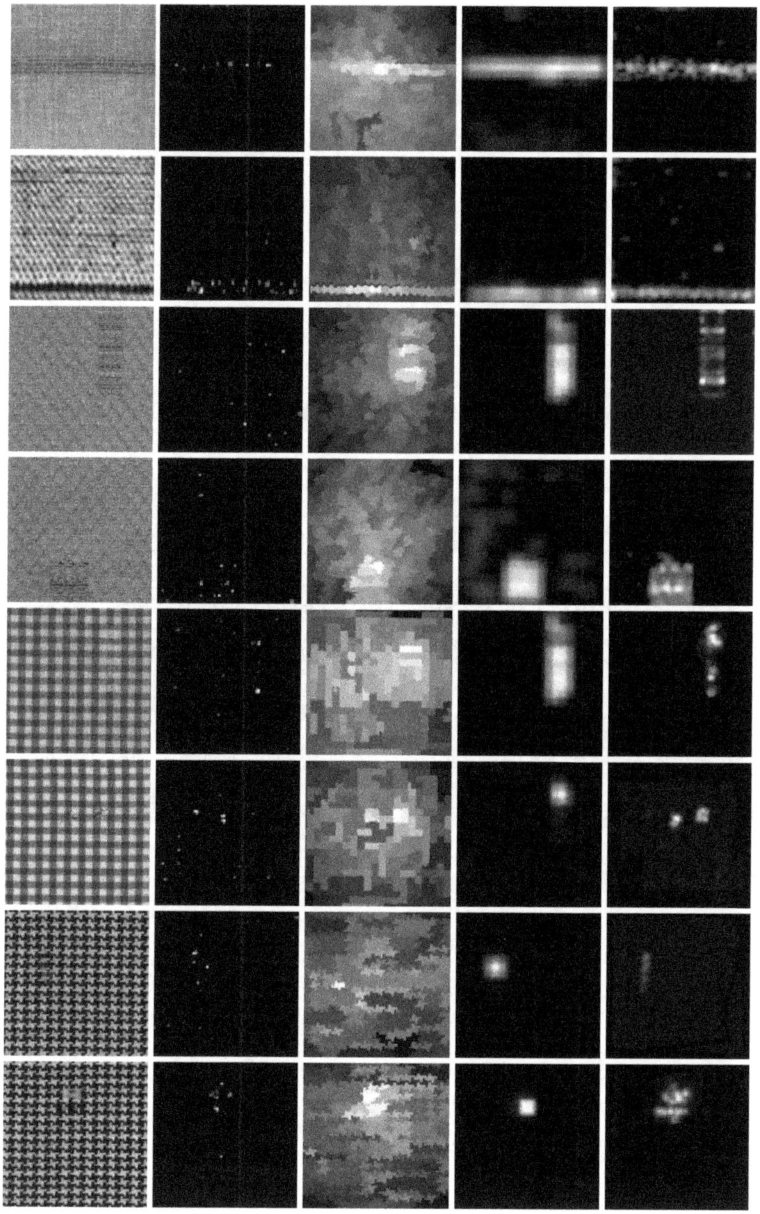

图 12.8　本章方法与现有方法生成的显著图的对比

解模型。首先通过将图片输入一种新型的深度学习网络 DenseNet201 中，提取

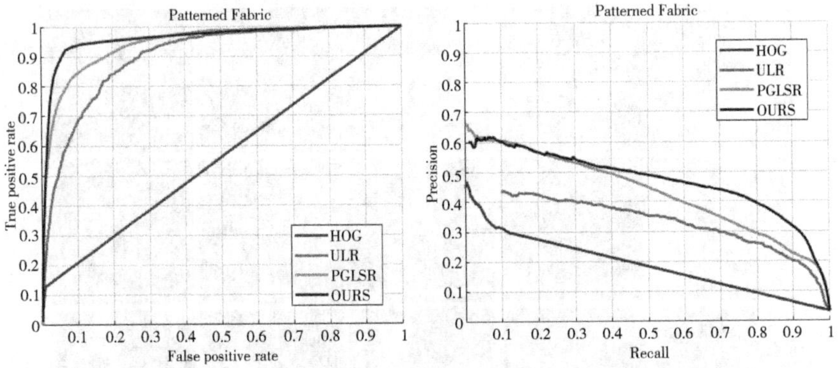

图 12.9 本章算法与现有算法的的 ROC、PR 曲线对比图

最浅卷积层的输出特征图,后加均匀分块处理后得到对应的深度高阶特征,然后再提取一系列的低阶特征,将高阶语义信息和低阶对比信息进行并联混合后,得到一种深度—低阶特征来表征织物图像,之后在第 11 章的模型基础上,对秩函数进行非凸求解以求得更精准的解,通过该显著度计算模型分解出的稀疏矩阵可生成对应的疵点显著图,最终可再通过上一章的阈值分割方法生成分割图。通过定量、定性实验,不仅验证了本章方法中深度—低阶特征和非凸低秩分解模型的优越性,还验证了本章方法相较于其他疵点检测算法具有高度的有效性和鲁棒性。

参考文献

[1]Selver M, Avşar V, Özdemir H. Textural Fabric Defect Detection using Statistical Texture Transformationsand Gradient Search[J]. Journal of the Textile Institute, 2014,105(9): 998-1007.

[2]Hu J, He Z, Weng G, et al. Detection of Chemical Fabric Defects on the Basis of Morphological Processing[J]. The Journal of The Textile Institute, 2016, 107(2): 233-241.

[3]Hanmandlu M, Choudhury D, Dash S. Detection of defects in fabrics using topothesy fractal dimension features[J]. Signal Image & Video Processing, 2014 (9): 1-10.

[4]管声启, 师红宇,赵霆. 应用目标稀少特征的织物疵点图像分割[J]. 纺织学报,2015(11):45-50.

[5]张缓缓, 李仁忠, 景军锋,等. Frangi 滤波器和模糊 c 均值算法相结合的织物瑕疵检测[J]. 纺织学报,2015, 36(9):120-124.

[6]Bissi L, Baruffa G, Placidi P, et al. Automated defect detection in uniform and structured fabrics using Gabor filters and PCA[J]. Journal of Visual Communication and Image Representation, 2013, 24(7):838-845.

[7] Park Y, Kweon I S. Ambiguous surface defect image classification of AMOLED displays in smartphones[J]. IEEE Transactions on Industrial Informatics, 2016, 12(2): 597-607.

[8] Yapi D, Allili M S, Baaziz N. Automatic fabric defect detection using learning-based local textural distributions in the contourlet domain[J]. IEEE Trans-

actions on Automation Science and Engineering, 2018, 15(3): 1014-1026.

[9]杨晓波. 基于 GMRF 模型的统计特征畸变织物疵点识别[J]. 纺织学报, 2013,34(4): 137-142.

[10]Susan S, Sharma M. Automatic texture defect detection using Gaussian mixture entropy modeling[J]. Neurocomputing, 2017(239): 232-237.

[11]李敏, 崔树芹, 谢治平. 高斯混合模型在印花织物疵点检测中的应用[J]. 纺织学报,2015 36(8): 94-98.

[12]Allili M S, Baaziz N, Mejri M. Texture Modeling Using Contourlets and Finite Mixtures of Generalized Gaussian Distributions and Applications[J]. IEEE Transactions on Multimedia, 2014, 16(3):772-784.

[13]Zhou J, Wang J. Unsupervised Fabric Defect Segmentation Using Local Patch Approximation[J]. The Journal of The Textile Institute, 2016,107(6): 800-809.

[14]Tong L, Wong W, Kwong C. Fabric Defect Detection for Apparel Industry: A Nonlocal Sparse Representation Approach[J]. IEEE access, 2017(5): 5947-5964.

[15]Zhou J, Semenovich D, Sowmya A, et al. Dictionary Learning Framework for Fabric DefectDetection[J]. Journal of the Textile Institute, 2014,105(3): 223-234.

[16]管声启, 高照元, 吴宁,等. 基于视觉显著性的平纹织物疵点检测[J]. 纺织学报, 2014,35(4): 56-61.

[17]Guan S. Fabric Defect Detection Using an Integrated Model of Bottom-Up and Top-Down Visual Attention[J]. The Journal of The Textile Institute, 2016, 107(2): 215-224.

[18]李春雷, 张兆翔, 刘洲峰,等. 基于纹理差异视觉显著性的织物疵点检测算法[J]. 山东大学学报(工学版), 2014,44(4): 1-9.

[19]Liu Z, Li C, Zhao Q, et al. A Fabric Defect Detection Algorithm via Context-Based Local Texture Saliency Analysis[J]. International Journal of Clothing

Science and Technology, 2015,27(5): 738-750.

[20]刘洲峰, 赵全军, 李春雷,等. 基于局部统计与整体显著性的织物疵点检测算法[J]. 纺织学报, 2014, 35(11): 62-65.

[21]Li C, Yang R, Liu Z, et al. Fabric Defect Detection via Learned Dictionary-Based Visual Saliency[J]. International Journal of Clothing Science and Technology, 2016,28(4): 530-542.

[22]Liu Z, Yan L, Li C, et al. Fabric Defect Detection Based on Sparse Representation of Main Local Binary Pattern. International Journal of Clothing Science and Technology,2017,29(3): 1-10.

[23]Jing J. Automatic Defect Detection of Patterned Fabric via Combining the Optimal Gabor Filter and Golden Image Subtraction[J]. Journal of Fiber Bioengineering & Informatics, 2015, 8(2):229-239.

[24]Ngan H Y T, Pang G K H, Yung N H C. Patterned Fabric Defect Detection using a Motif-Based Approach[C]// IEEE International Conference on Image Processing[J]. IEEE, 2007:II - 33. II - 36.

[25]Ngan H Y T, Pang G K H, Yung N H C. Motif-based defect detection for patterned fabric[J]. Pattern Recognition, 2008, 41(6):1878-1894.

[26]Hamdi A A, Sayed M S, Fouad M M, et al. Unsupervised patterned fabric defect detection using texture filtering and K-means clustering[C]// International Conference on Innovative Trends in Computer Engineering, 2018:130-144.

[27]Ngan H Y T, Pang G K H, Yung S P, et al. Wavelet based methods on patterned fabric defect detection[J]. Pattern Recognition, 2005, 38(4):559-576.

[28]Tsang C S C, Ngan H Y T, Pang G K H. Fabric inspection based on the Elo rating method[J]. Pattern Recognition, 2016, 51(4):378-394.

[29]Wright J, Ganesh A, Rao S, et al. Robust principal component analysis: Exact recovery of corrupted low - rank matrices via convex optimization [C]// Advances in neural information processing systems,2009: 2080-2088.

[30] Peng H, Li B, Ling H, et al. Salient Object Detection Via Structured Matrix Decomposition. IEEE Transactions on Pattern Analysis and Machine Intelligence, 2017, 39(4): 818-832.

[31] Zhao M, Jiao L, Ma W, et al. Classification and Saliency Detection by Semi-Supervised Low-Rank Representation[J]. Pattern Recognition, 2016(51): 281-294.

[32] Li J, Ding J, Yang J. Visual Salience Learning via Low Rank Matrix Recovery[C]. Asian Conference on Computer Vision (ACCV), 2015: 112-127.

[33] Li J, Luo L, Zhang F, et al. Double Low Rank Matrix Recovery for Saliency Fusion. IEEE Transactions on Image Processing, 2016, 25(9): 4421-4432.

[34] Lang C, Feng J, Feng S, et al. Dual Low-Rank Pursuit: Learning Salient Features for Saliency Detection. IEEE Transactions on Neural Networks and Learning Systems, 2016, 27(6): 1190-1200.

[35] Wu, Y. A Unified Approach to Salient Object Detection via Low Rank Matrix Recovery[C]. IEEE Conference on Computer Vision and Pattern Recognition (CVPR), 2012: 853-860.

[36] Beck A, Teboulle M. A Fast Iterative Shrinkage-Thresholding Algorithm for Linear Inverse Problems[J]. Siam Journal on Imaging Sciences, 2009, 2(1): 183-202.

[37] Bhardwaj A, Raman S. Robust PCA-Based Solution to Image Composition Using Augmented Lagrange Multiplier (ALM)[J]. Visual Computer, 2015: 1-10.

[38] Lin Z, Liu R, Li H. Linearized Alternating Direction Method with Parallel Splitting and Adaptive Penalty for Separable Convex Programs in Machine Learning[J]. Machine Learning, 2015, 99(2): 287-325.

[39] Yan J, Liu J, Li Y, et al. Visual Saliency Detection via Rank-Sparsity Decomposition[J]. IEEE International Conference on Image Processing (ICIP),

2010: 1089-1092.

[40]Cao J, Zhang J, Wen Z, et al. Fabric defect inspection using prior knowledge guided least squares regression[J]. Multimedia Tools and Applications, 2017, 76(3): 4141-4157.

[41]Li P, Liang J, Shen X, et al. Textile fabric defect detection based on low-rank representation[J]. Multimedia Tools and Applications, 2019, 78(1): 99-124.

[42]Huangpeng Q, Zhang H, Zeng X, et al. Automatic visual defect detection using texture prior and low-rank representation[J]. IEEE Access, 2018(6): 37965-37976.

[43]Cao J, Wang N, Zhang J, et al. Detection of varied defects in diverse fabric images via modified RPCA with noise term and defect prior[J]. International Journal of Clothing Science and Technology, 2016, 28(4): 516-529.

[44]Ng M K, Ngan H Y T, Yuan X, et al. Lattice-based patterned fabric inspection by using total variation with sparsity and low-rank representations[J]. SIAM Journal on Imaging Sciences, 2017, 10(4): 2140-2164.

[45]周密, 宋占杰. 基于稀疏与低秩矩阵分解的视频背景建模[J]. 计算机应用研究, 2015, 32(10):3175-3178.

[46]Wu L, Ganesh A, Shi B, et al. Robust photometric stereo via low-rank matrix completion and recovery. In: Proceedings of the 10th Asian Conference on Computer Vision[M]. Berlin, Heidelberg: Springer-Verlag, 2010.

[47]Wu L, Ganesh A, Shi B, et al. Convex optimization based low-rank matrix completion and recovery for photometric stereo and factor classification [Online]. available: http://perception.csl.illinois.edu/matrixrank/stereo.html, June 25, 2013.

[48]Peng Y G, Ganesh A, Wright J, et al. RASL: robust alignment by sparse and low-rank decomposition for linearly correlated images[C]. In: Proceedings of

the 2010 IEEE International Conference on Computer Vision and Pattern Recognition (CVPR). San Francisco, CA: IEEE, 2010:763-770.

[49]Peng Y G, Ganesh A, Wright J, et al. RASL: robust alignment by sparse and low-rank decomposition for linearly correlated images[J]. IEEE Transactions on Pattern Analysis and Machine Intelligence (TPAMI), 2012, 34(11):2233-2246.

[50]Zhang Z D, Liang X, Ganesh A, et al. TILT: transform invariant low-rank textures[C]. In: Proceedings of the 2011 Computer Vision - ACCV, Springer Berlin Heidelberg, 2011: 314-328.

[51]Zhang Z D, Ganesh A, Liang X, et al. TILT: transform invariant low-rank textures[J]. International Journal of Computer Vision, 99(1): 1-24.

[52]Liu G, Lin Z, Yu Y. Robust Subspace Segmentation by Low-Rank Representation [C]// International Conference on Machine Learning. DBLP, 2010: 663-670.

[53]Cheng B, Liu G, Wang J, et al. Multi-task low-rank affinity pursuit for image segmentation [C]// International Conference on Computer Vision. IEEE Computer Society, 2011:2439-2446.

[54]Lang C, Liu G, Yu J, et al. Saliency Detection by Multitask Sparsity Pursuit [J]. IEEE Transactions on Image Processing, 2012, 21(3):1327-1338.

[55] Liu G, Yan S. Latent Low - Rank Representation for subspace segmentation and feature extraction [C]// International Conference on Computer Vision. IEEE Computer Society, 2011:1615-1622.

[56]Liu R. Fixed-rank representation for unsupervised visual learning [C]// Computer Vision and Pattern Recognition. IEEE, 2012:598-605.

[57]Wang J, Saligrama V, Castañón D A. Structural similarity and distance in learning[C]// Communication, Control, and Computing. IEEE, 2011:744 - 751.

[58]柳欣，钟必能，张茂胜，等．基于张量低秩恢复和块稀疏表示的运动显著性目标提取[J]．计算机辅助设计与图形学学报，2014，26(10)：

1753-1763.

[59]Cai J F, Cand, S, E J, et al. A Singular Value Thresholding Algorithm for Matrix Completion[J]. Siam Journal on Optimization, 2008, 20(4):1956-1982.

[60]Bo W, Boyd S, Annergren M, et al. An ADMM Algorithm for a Class of Total Variation Regularized Estimation Problems [C]// System Identification. 2012: 83-88.

[61]Zhoufeng L, Jiuge W, Quanjun Z, et al. Research on fabric defect detection algorithm based on improved adaptive threshold [J]. Microcomputer & Its Applications, 2013(10): 16.

[62] Li M, Staunton R C. Optimum Gabor filter design and local binary patterns for texture segmentation [J]. Pattern Recognition Letters, 2008, 29(5): 664-672.

[63] Y. Nesterov, A method of solving a convex programming problem with convergence rate O(1/k2)[J]. Soviet Mathematics Doklady, 27 (1983):372-376.

[64]Goferman S, Zelnikmanor L, Tal A. Context-aware saliency detection [J]. IEEE Transactions on Pattern Analysis & Machine Intelligence, 2012, 34 (10):1915-1926.

[65]Imamoglu N, Lin W, Fang Y. A Saliency Detection Model Using Low-Level Features Based on Wavelet Transform [J]. IEEE Transactions on Multimedia, 2013, 15(1):96-105.

[66]Ng M K, Ngan H Y T, Yuan X, et al. Patterned Fabric Inspection and Visualization by the Method of Image Decomposition [J]. IEEE Transactions on Automation Science & Engineering, 2014, 11(3):943-947.

[67]Qin Y, Lu H, Xu Y, et al. Saliency detection via Cellular Automata [C]// IEEE Conference on Computer Vision and Pattern Recognition. IEEE, 2015: 110-119.

[68]Tibshirani R. Regression Shrinkage and Selection via the Lasso [J].

Journal of the Royal Statistical Society, 2011, 73(3):273-282.

[69]Weng Dawei, Wang Yunhong, Gong Mingming, et al. DERF: Distinctive Efficient Robust Features From the Biological Modeling of the P Ganglion Cells [J]. Image Processing, IEEE Transactions on, 2015, 24(8): 2287-2302.

[70]Li Y, Li H, Gong H, et al. Characteristics of Receptive Field Encoded by Synchronized Firing Pattern of Ganglion Cell Group [J]. Acta Biophysica Sinica, 2011, 27(3):211-221.

[71]Lin Z, Liu R, Su Z. Linearized Alternating Direction Method with Adaptive Penalty for Low-Rank Representation [J]. Advances in Neural Information Processing Systems, 2011,12(1):612-620.

[72]Huang D, Zhu C, Wang Y, et al. HSOG: a novel local image descriptor based on histograms of the second-order gradients[J]. IEEE Transactions on Image Processing, 2014, 23(11): 4680-4695.

[73]Rodieck R W. Quantitative analysis of cat retinal ganglion cell response to visual stimuli[J]. Vision Res., 1965, 5(12):583-601.

[74]Guangcan L, Zhouchen L, Shuicheng Y, et al. Robust recovery of subspace structures by low-rank representation. [J]. IEEE Transactions on Software Engineering, 2013, 35(1):171-184.

[75]Yang J, Yin W, Zhang Y, Wang Y. A fast algorithm for edge-preserving variational multichannel image restoration [J]. SIAMdournal on Imaging Sciences, 2009, 2(01):569-592.

[76]李春雷, 高广帅, 刘洲峰,等. 应用方向梯度直方图和低秩分解的织物疵点检测算法[J]. 纺织学报, 2017, 38(3):149-154.

[77]Li X, Li Y, Shen C, et al. Contextual Hypergraph Modeling for Salient Object Detection[C]// IEEE International Conference on Computer Vision. IEEE, 2014:3328-3335.

[78]Lu C, Feng J, Chen Y, et al. Tensor Robust Principal Component Analy-

sis: Exact Recovery of Corrupted Low-Rank Tensors via Convex Optimization[C]// Computer Vision and Pattern Recognition. IEEE, 2016:52-57.

[79]Kilmer M E, Martin C D. Factorization strategies for third-order tensors. Linear Algebra and its Applications,2011,435(3):641-658.

[80]Liu J, Musialski P, Wonka P, et al. Tensor completion for estimating missing values in visual data [J]. TPAMI, 2013, 35(1): 208-220.

[81]Varma M, Zisserman A. A Statistical Approach to Texture Classification from Single Images[J]. International Journal of Computer Vision, 2005, 62(1-2): 61-81.

[82]孙权森, 曾生根, 王平安,等. 典型相关分析的理论及其在特征融合中的应用[J]. 计算机学报, 2005, 28(9):1524-1533.

[83]刘鹏飞, 肖亮, 黄丽丽. 图像方向纹理保持的方向全变差正则化去噪模型及其主优化算法[J]. 电子学报, 2014(11):2205-2212.

[84]Morgan M J. Features and the 'primal sketch'[J]. Vision research, 2011, 51(7):738-753.

[85]Li C, Liu C, Gao G, et al. Robust low-rank decomposition of multi-channel feature matrices for fabric defect detection[J]. Multimedia Tools and Applications, 2018,78(6): 7321-7339.

[86]Rudin L I, Osher S, Fatemi E. Nonlinear total variation based noise removal algorithms[C]// Eleventh International Conference of the Center for Nonlinear Studies on Experimental Mathematics: Computational Issues in Nonlinear Science: Computational Issues in Nonlinear Science. Elsevier North-Holland, Inc. 1992.

[87] Choksi R, Gennip Y V, Oberman A. Anisotropic total variation regularized L^1 approximation and denoising/deblurring of 2D bar codes[J]. Inverse Problems and Imaging (IPI), 2013, 5(3):591-617.

[88]Selesnick I W, Graber H L, Pfeil D S, et al. Simultaneous Low-Pass Filtering and Total Variation Denoising [J]. IEEE Transactions on Signal

Processing, 2014, 62(5):1109-1124.

[89]Goldstein T, Osher S. The split Bregman method for L1-regularized problems[J]. SIAM journal on imaging sciences, 2009, 2(2): 323-343.

[90]Micchelli C A, Shen L, Xu Y. Proximity algorithms for image models: denoising[J]. InverseProblems, 2011, 27(4): 459-472.

[91]Sun Q S, Zeng S G, Liu Y, et al. A new method of feature fusion and its application in image recognition [J]. Pattern Recognition, 2005, 38 (12): 2437-2448.

[92]Deng J, Dong W, Socher R, et al. Imagenet: A large-scale hierarchical image database[C]//2009 IEEE conference on computer vision and pattern recognition. IEEE, 2009: 248-255.

[93]Simonyan K, Zisserman A. Very Deep Convolutional Networks for Large-Scale Image Recognition[J]. Computer Science, 2014,23(8):3813-3826.

[94]Lecun Y, Bengio Y, Hinton G. Deep learning. [J]. Nature, 2015, 521 (7553):436.

[95]Zou J, Shen M, Zhang Y, et al. Total Variation Denoising With Non-Convex Regularizers[J]. IEEE Access, 2019(7): 4422-4431.

[96]Combettes P L, Wajs V R. Signal recovery by proximal forward-backward splitting[J]. Multiscale Modeling & Simulation, 2005, 4(4): 1168-1200.

[97]Liu L, Ouyang W, Wang X, et al. Deep learning for generic object detection: A survey[J]. arXiv preprint arXiv:1809.02165, 2018.

[98]He K, Zhang X, Ren S, et al. Deep residual learning for image recognition[C]//Proceedings of the IEEE conference on computer vision and pattern recognition, 2016: 770-778.

[99]Huang G, Liu Z, Van Der Maaten L, et al. Densely connected convolutional networks[C]//Proceedings of the IEEE conference on computer vision and pattern recognition. 2017: 4700-4708.

[100]Li G, Yu Y. Visual saliency based on multiscale deep features[C]//Proceedings of the IEEE conference on computer vision and pattern recognition, 2015: 5455-5463.

[101]Jiang H, Wang J, Yuan Z, et al. Salient object detection: A discriminative regional feature integration approach[C]//Proceedings of the IEEE conference on computer vision and pattern recognition. 2013: 2083-2090.

[102]Liu Y, Li X. Indoor-outdoor image classification using mid-level cues[C]//2013 Asia-Pacific Signal and Information Processing Association Annual Summit and Conference. IEEE, 2013: 1-5.

[103]Candès E J, Recht B. Exact matrix completion via convex optimization[J]. Foundations of Computational mathematics, 2009, 9(6): 717.

[104]Nie F, Huang H, Ding C. Low-rank matrix recovery via efficient schatten p-norm minimization[C]//Twenty-Sixth AAAI Conference on Artificial Intelligence, 2012.

[105]Gu S, Xie Q, Meng D, et al. Weighted Nuclear Norm Minimization and Its Applications to Low Level Vision[J]. International Journal of Computer Vision, 2017, 121(2):183-208.

[106]Xie Y, Gu S, Liu Y, et al. Weighted Schatten p-norm minimization for image denoising and background subtraction[J]. IEEE transactions on image processing, 2016, 25(10): 4842-4857.

[107]Zuo W, Meng D, Zhang L, et al. A generalized iterated shrinkage algorithm for non-convex sparse coding[C]//Proceedings of the IEEE international conference on computer vision. 2013: 217-224.